環境学

法学・経済学・自然科学から学ぶ

入門

青木淳一
一ノ瀬大輔
小林宏充
【編】

慶應義塾大学出版会

はしがき

　本書のもととなった、言うなれば「初版」にあたる『法学・経済学・自然科学から考える環境問題』は、2017年8月、慶應義塾大学出版会より刊行されました。いわゆる文系（法学、経済学）と理系（自然科学）の研究者が特定の環境問題について解説し、語り合い、1冊の書籍にまとめたことは、当時、ほかにあまり例を見ない試みであったと思います。

　しかしながら、「初版」は刊行からすでに7年近くを経過しているため、情報のアップデートが必要になっています。また、「初版」は慶應義塾大学通信教育課程のスクーリング科目「環境学入門」のテキストに指定され、多くの学生に利用されてきましたが、教室では、同書の執筆メンバーのほかに若手の研究者や実務家も講師に加わり、より多彩で、深みのある内容の授業が行われてきました。

　そこで、このたび、「初版」のよさを残しつつも、情報をアップデートするとともに、これまでの授業の経験を活かし、内容を一層充実させるものとして、本書『環境学入門——法学・経済学・自然科学から学ぶ』を刊行することとなりました。

　本書を手に取ったみなさんは、どのような「環境問題」を思い浮かべるでしょうか。「環境」ということばそのものはニュートラルで、対象となるものの周囲を意味しますが、「環境問題」というときの「環境」は、人間を含む生物の周囲を指します。そして、人間の活動が影響を与えている、あるいは、人間の活動に影響を及ぼしている自然や社会の変化が、見過ごすことのできない状況に至ると、それが「環境問題」として人びとに認識されるようになるのです。

　本書は、20世紀終盤から問題がより顕著にあらわれはじめて、現在も継続している環境問題である、「循環型社会」、「生物多様性」、「気候変動と温暖化対策」をテーマとして、それぞれを法学、経済学、自然科学の観点から解説しています。

　なぜ、法学、経済学、そして、自然科学なのか。

　現代国家は、法律というツールによって社会を運営します。社会の構成員である個人や企業の行動を決定づける大きな要因には、経済的動機があります。社会的にも経済的にも合理性のある政策が行われるべきですが、その政策は自然科学の知見にも裏打ちされたものであるべきです。

　科学的に実現可能なことであっても、倫理的に許されず、法律が規制することもあるでしょう。他方で、法律の目標が科学的に達成不能であれば、意味がありません。ある問題に対して有効な科学的対策があっても、採算に見合わないことは実現困難でしょう。しかし、経済性が乏しいからといって、科学的解明をあきらめるわけにはいかないのです。

　本書の読みかたは、みなさんの自由です。どこから読んでもよいし、どのような順番で読んでもよい。「循環型社会」、「生物多様性」、「気候変動と温暖化対策」のうち興味・関心のあるテーマから、あるいは、法学、経済学、自然科学のうち取り組みやすい学問分野から、読んでみてください。ところで、各章・各節の間で、内容の重複があるように見えるかもしれません。本書はあえて調整しませんでした。執筆者は、それぞれの専門分野に立って解説しています。同じテーマであっても、それぞれの専門分野から考えると、どのような説明がされるのか——本書を読むときの楽しみのひとつにしていただきたいと思います。

　本書の刊行にあたっては、慶應義塾大学出版会の岡田智武さんに多大なご尽力をいただきました。また、第3章第4節の図は菊江佳世子さんに作成していただきました。この場を借りて、感謝を申し上げます。

　「多様な考えかたを学び、その知識をもって、新しいものの見かたに気づく学問のおもしろさを体感しましょう。」（「初版」はしがきより）

2024年5月

編　者

　慶應義塾大学出版会ホームページに、各節の小テストの解答、「初版」に収録されていた座談会を掲載しました。下記QRコードからアクセスすることができます。

小テスト
解答

「初版」
座談会

目　次

第2章　生物多様性

第3章 気候変動と温暖化対策

第1章

循環型社会

1　循環型社会をつくるために法ができること【法学】

● 循環型社会とは

　循環型社会、と聞いて、皆さんはどんな社会をイメージするでしょうか。結論めいたことをはじめに言ってしまうと、このイメージを日本社会のメンバーが共有できていないことが、循環型社会への移行がなかなか進まない大きな要因の1つだと思われます。1章1節では、法学が循環型社会をどのように規定しているか、そしてそのためにどのような制度を用意しているか、いまどのようなことが課題となっているのかを学び、それぞれに循環型社会のイメージを育ててみたいと思います。

　循環型社会形成推進基本法（2000年）は、循環型社会を以下のように定義しています。

　循環型社会形成推進基本法第2条
　「この法律において「循環型社会」とは、製品等が廃棄物等となることが抑制され、並びに製品等が循環資源となった場合においてはこれについて適正に循環的な利用が行われることが促進され、及び循環的な利用が行われない循環資源については適正な処分（中略）が確保され、もって天然資源の消費を抑制し、環境への負荷ができる限り低減される社会をいう。」

　ここで謳われているのは、大量生産・大量消費・大量廃棄という社会経済活動や市民のライフスタイルが見直され、資源を効率的に利用してごみをなるべく出さず、出てしまったごみはできるだけ資源として利用し（再使用や再生利用）、利用できないごみは適正に処分する、という考え方に基づいて企業活動や市民生活が営まれる社会です。「循環」という言葉はどうやら、再使用（一度使われた製品やその部品をそのまま使うこと）や再生利用（一度使われた製品などを原材料として利用すること）することを指しているようです。ただ、これだ

けでは循環型社会の具体的な姿がイメージされませんし、そもそもなぜ循環型社会を希求するこうした法律が生まれたのかも分かりません。それを理解するためには、法の沿革を辿る必要があります。

● 日本の循環管理法の沿革

　循環型社会の形成に関わるさまざまな法律を、全体として循環管理法と呼んでいます。具体的には、廃棄物処理法や容器包装リサイクル法、自動車リサイクル法など、たくさんの法律があります。

　日本の循環管理法のはじまりは、1900年に公衆衛生の向上を目的として制定された汚物掃除法です。この法律がごみの収集・処分を市町村に義務づけ、清掃行政の仕組みを作りました。しかし、当時は焼却施設もほとんどなく、ごみを積み上げて燃やす「野焼き」が日常的に行われており、ダイオキシンなどの有毒ガスや悪臭の発生、ススによる生活妨害、延焼の危険といった問題がありました。その後、戦後に急増した都市ごみへ対応するために清掃法（1954年）が制定されました。戦後復興に伴い発生した大量のごみは、そのまま河川に捨てられたり、野積みにされたりしていて、害虫の発生や伝染病の拡大など公衆衛生上の問題が生じていました。それに対して、市町村がごみの収集・処分をし、国と都道府県が財政的・技術的援助を行うことなどを定めた法律として、清掃法が制定されたのです。その後、日本は1960年代には高度経済成長を迎え、東京オリンピックの開催などで社会は湧き上がります。市民の生活水準は向上し、物質的には豊かといえる社会が到来しました。ただしそれは、こんにちでいう持続可能性を前提としたものではなく、企業が大量に生産した商品を消費者が大量に購入・消費し、使用後には大量に廃棄する社会でした。ごみの量は急速に増加し、またプラスチック製品の普及などにより多様化しました。また、活発な経済活動に伴い、水俣病や四日市ぜんそくなどの公害が発生し、増加した産業廃棄物が不法投棄されるなどの問題もありました。こうした問題に対処するため、廃棄物を適正に回収・処理し、公衆衛生を向上させることを主たる目的とした廃棄物処理法（1970年）が作られました。廃棄物処理法は、市民が排出するごみ（一般廃棄物）は今までどおり市町村の処理責任とす

る一方で、事業活動に伴って排出されるごみ（産業廃棄物）は排出する事業者が処理責任を負うことにしました。また、公衆衛生問題の対策だけでなく、公害問題への取組みも含めた「生活環境の保全」を行うことを明確にしました。制定当時の廃棄物処理法の目的規定は以下のとおりです。

廃棄物処理法第 1 条〔制定当時〕
「この法律は、廃棄物を適正に処理し、及び生活環境を清潔にすることにより、生活環境の保全及び公衆衛生の向上を図ることを目的とする。」

しかし、廃棄物処理法の制定で廃棄物の問題がただちに解決したわけではありませんでした。1980 年代後半にはバブル景気を迎えたことにより、消費が増大し生産活動も活発になりました。これに伴い廃棄物の発生量はどんどん増えていき、処分場の不足の問題は深刻さを増していきました。また、産業廃棄物の大規模な不法投棄事件も社会問題となりました。たとえば豊島事件では、悪質な事業者が香川県豊島に長期間にわたって 56 万トンにものぼる産業廃棄物を不法投棄しました。投棄された廃棄物の中には鉛やカドミウムなどの有害物質も含まれていたため、土壌汚染や地下水汚染などを引き起こしました。こうしたことを背景に廃棄物処理法は 1991 年に大幅に改正され、法の目的には廃棄物の減量化と再生利用が加えられました。改正後の法の目的規定は以下のとおりです。

廃棄物処理法第 1 条
「この法律は、廃棄物の排出を抑制し、及び廃棄物の適正な分別、保管、収集、運搬、再生、処分等の処理をし、並びに生活環境を清潔にすることにより、生活環境の保全及び公衆衛生の向上を図ることを目的とする。」

法律の目的規定というのは、その制定目的を表現するとともに、究極的に大きな公益に資することを明記したりすることで、法律の必要性や意義を示しています。裁判や行政において、他の規定の解釈運用指針になることもあるので、とても重要な条文です。その目的規定に「排出の抑制」や、「適正な分別」、

「再生」といった文言が入ったことはとても大きな意味を持ちます。その後も廃棄物処理法は幾度も改正され、不法投棄を厳罰化するなど、廃棄物の処理責任を厳しく規制するようになりました。

　また、大量廃棄の問題に対処する必要から、リサイクルを進めるための法律が作られるようになりました。1995年に容器包装リサイクル法が作られたのを皮切りに、家電リサイクル法（1998年）、食品リサイクル法（2000年）、自動車リサイクル法（2002年）、小型家電リサイクル法（2012年）などが作られました。また、2000年には冒頭で紹介した循環型社会形成推進基本法も制定されました。ここにおいて、日本社会が「循環型社会」を目指すことが明確に示されたのです。この法律では再使用や再生利用できるものを「循環資源」と呼び、①発生抑制、②再使用、③再生利用、④熱回収（廃棄物を焼却するときにでる熱を回収して温水供給などに利用すること）、⑤適正処分、という順番で対策を取っていくことが明記されました（7条）。こうして出来上がった現在の法体系を示したのが図1です。

　そして今また、循環管理法は変革期を迎えています。きっかけの1つは世界中で関心が高まった海洋プラスチック問題です（プラスチック問題について詳しくは4節参照）。路上や海岸に捨てられたプラスチックごみが海に流出し、また漁船などから壊れた漁具などが投棄され、海にはたくさんのプラスチックごみ

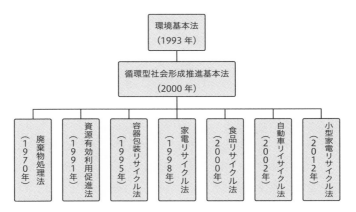

図1　循環管理法の体系（出典：筆者作成）

が浮遊しています。これを餌と間違えて食べた海洋生物が死んでしまったり、プラスチックに含まれている有害物質が食物連鎖を通じて生態蓄積するリスクが指摘されています。このような海洋汚染を防ぐためにはプラスチックの使用量を減らさなくてはならないことに加えて、これまで中国をはじめとしたアジア諸国に輸出していた廃プラスチックを国内で処理しなければならなくなり、資源循環というテーマが注目されることになりました。欧州ではいち早く「循環経済（Circular Economy）」というスローガンのもとでプラスチック製品の規制やリサイクル率の向上を義務づける制度が実施されました（循環経済について詳しくは2節参照）。日本でも後述するプラスチック新法ができて、循環経済を目指すことが明記されました。

● 循環型社会の形成にかかわる根本的な問題

　こうして法律が作られてきた背景を丁寧に辿ってくると分かるのは、循環型社会の形成にかかわる法律はそれぞれが当時の社会状況に対処するためにその都度作られてきたということです。法律というのは無闇矢鱈と作れるものではありません。法律をつくるためには「立法事実」が必要です。立法事実とは、法律の必要性や正当性を基礎づける現実社会の事実のことです。したがって、それぞれの法律が時代状況に応じて別々に作られてきたのは当然のことでもあるのです。循環型社会形成推進基本法はリサイクルの必要性が切実になってきた時代状況にこたえて、あるべき循環型社会の姿を示すために2000年に制定されました。しかし、既存の法律の上にあとから乗せるような形でできたので、個別の法律にその理念が浸透しているとは言い難い状況です。これは、循環管理法に関わる事業者や行政、市民が循環型社会のイメージを共有できていないことの一因にもなっているように思われます。このような状況を憂いて、廃棄物処理法とリサイクル法の統合が必要だ、といわれることがあります。法律家の視点からみればもっともな指摘ともいえますし、現実に統合が果たせれば、とても分かりやすい法体系にはなるでしょう。しかし、法の統合がなされれば、循環型社会への移行は進むのでしょうか。

　循環型社会の形成には、市民の生活が大きく関わります。市民の行動が直接

的に問題を悪化させたり、解決へ向けて効果を上げたりします。しかし、法律は市民一人ひとりの行動を細かく規律することはできません。そうした特徴を踏まえると、法による規制を議論するだけでは足りないことが分かります。市民一人ひとりが循環型社会のイメージを共有し、そこへ移行していく必要性を了解し、その思想を内面化して一つ一つの行動に具体化していかなければいけません。実は環境法学は、そうしたイメージを作り上げるための「基本理念」とよばれるものを大切に育ててきました。いまもう一度そこに立ち戻り、その考えを確認しておく必要があると思います。

● 循環型社会にかかわる環境法の基本理念

　基本理念は法律全体に通底する考え方・目指すべき目標を示していて、法律を作り、解釈・運用していくときにも重要な役割を果たします。環境法には基本理念とされるものがたくさんありますが、ここでは循環型社会にかかわる基本理念を確認しておきましょう。

　1つ目に「持続可能な発展（Sustainable Development）」というものがあります。持続可能性という言葉はこんにち環境問題にかかわらず色々な分野で使われるようになっていますが、環境法は終局的に「持続可能な発展」を達成することを目指しているといえます。1980年に世界自然資源保全戦略において用いられたことをきっかけに数々の国際文書で言及されるようになり、1992年に「環境と発展に関する国連会議」（リオ・サミット）で採択されたリオ宣言にこの考え方が示されたことで、日本でもよく知られるようになりました。

　国連に設置された「環境と開発に関する世界委員会（ブルントラント委員会）」が1987年にまとめた報告書「我ら共通の未来」（Our Common Future）によれば、「持続可能な発展」は「将来の世代が自らの欲求を充足する能力を損なうことなく、今日の世代の欲求をも満たすような発展」と定義されています。この定義には、①環境容量、②世代間衡平、③世代内衡平の3つの要素が含まれているといえます。①環境容量とは自然の浄化力のことで、人間の活動をその浄化力のキャパシティ内におさめることができれば環境汚染を防ぐことができます。温室効果ガスの排出量と森林等の吸収量を均衡させて排出量を実質ゼ

ロとするカーボン・ニュートラルもこうした考え方といえます。②世代間衡平
とは、現代世代と将来世代が同じように自然資源を利用することができなけれ
ばならないという考え方で、そのためには現代世代が資源を枯渇させたり回復
不能な損害を自然環境に与えたりすることがないようにしなくてはなりません。
③世代内衡平とは、南北間の衡平や貧困の克服を図ることを意味しています。
たとえばいまの気候変動は産業革命後に先進諸国が大量に排出した温室効果ガ
スが主な原因となっていますが、その影響をより大きく受けるのは発展途上国
です。このような不均衡を是正するためには気候変動対策においても途上国支
援が重要になってきます。また、貧困を克服し経済的に発展していく過程で大
規模な自然破壊や公害が生ずることのないよう、先進国の技術支援なども大切
になってくるでしょう。日本の環境基本法は「持続的に発展することができる
社会」（4条）、「人類の存続の基盤である限りある環境」（3条）、「環境への負
荷の少ない健全な経済の発展」（4条）、といった文言を用いており、特に①と
②を重視した持続可能な発展を目的としているといえるでしょう。

　2つ目に確認しておきたい基本理念として、「未然防止原則・予防原則」と
いうものがあります。未然防止原則（Preventive Principle）とは、環境に脅威を
与える物質または活動を、環境に悪影響を及ぼさないようにすべきであるとす
る考え方です。こんにちでは当たり前のことように聞こえますが、環境は誰の
ものでもなく汚染物質を排出するのは自由であると考えられ工場公害が深刻
だった過去の出来事を思い起こせば、改めて確認しておくべき基本の考え方で
す。そこから発展してでてきたのが予防原則（Precautionary Principle）です。予
防原則は、科学技術が日進月歩で発展をしている現代にあって、とても重要な
考え方を提供するものです。科学技術の発展は人類に大きな恩恵をもたらして
いますが、その一方で、意図しない副産物が生じたり、副作用が起こったりす
ることがあります。そしてそれらが人や環境にどのような影響を与えるのかは、
その時点の科学的知見では必ずしも明らかにならないことが多いのです。日本
で甚大な被害をもたらした水俣病は、アセトアルデヒドの製造工程で意図せず
生成してしまったメチル水銀化合物が原因でしたし、それが水俣病という疾患
を引き起こす機序が完全に明らかになるには時間を要しました。産業革命によ
る工業の発展が大気汚染や水質汚濁を引き起こしたことは当時の人の目にも明

らかでしたが、それが数百年後の気候変動へつながることになると予見していた人はいませんでした。こうした過去の事例が私たちに教えているのは、人体や環境への悪影響について科学的に確定的なことがいえない段階だとしても、なんらかの対策をとるべき状況がありうるということです。予防原則は前出のリオ宣言において、以下のように定義されています。「深刻な、あるいは不可逆な被害のおそれがある場合には、十分な科学的確実性がないことをもって、環境悪化を防止するための費用対効果の大きな対策を延期する理由として用いてはならない」。一度失われてしまうと取り返しがつかないものが脅かされているような場合には、その脅威の原因が科学的にはっきりとしていないからといって、対策を取らない言い訳としてはならない、という考えを示しています。科学的な不確実性の存在を前提としているところが特徴で、その点で未然防止原則と異なります。新しく開発される化学物質やワクチン、遺伝子編集された動植物など、人の健康や環境にどのような影響を与えるかについてまだ科学的に完全に明らかにされていないものは沢山あります。そうしたものとどう向き合うかということを考えるに際して、予防原則は1つの指針を示してくれる原則といえるでしょう。

　3つ目に、拡大生産者責任（EPR：Extended Producer Responsibility）があります。これは、循環型社会の形成に向けて重要となるリサイクルにかかる費用を誰に負担させるのか、という議論のなかで注目されるようになった考え方です。生産者の責任は元来、安全な製品を消費者に提供することでした。それを、製品の消費後の段階までを生産者の責任と捉えなおして、廃棄物の回収・リサイクルの責任・費用負担まで生産者に負わせる、まさに生産者の責任を「拡大」させるという考え方です。生産者にそのような責任を負わせることにより、原材料の選択や製品の設計の段階で、バージン原料を最小化するとか製品の薄肉化・軽量化をすすめるといった環境配慮が行われることを期待しています（環境配慮設計、DfE：Design for Environment）。リサイクルを促進するためには、ある程度法律によって義務づけをする必要があり、そのような制度設計をする際に重要な考え方となります。

　最後に、汚染者負担原則（PPP：Polluter Pays Principle）をあげておきます。これは「受容可能な状態に環境を保持するための汚染防止費用は汚染者が負う

べきであるとする原則（1972年OECD勧告）」とされます。従来の工場公害は、操業者が汚染防止の対策を何らとることなく、すなわち何らコストの負担をすることなく、汚染物質を排出しつづけていたことが原因でした。そのような行為はもはや許されず、環境中に汚染物質を排出する事業者はそれを防止する費用を自ら負担しなければならない（外部不経済の内部化）とされたのです。ただしここでは、大量生産・大量消費・大量廃棄社会における「汚染者」は誰なのか、ということを考えてみたいのです。確かに生産者は利益をあげるために大量の商品を開発し、定期的にデザインを変えてリニューアルしたりして、消費者の購買意欲をかきたてます。現代の電化製品は機能が高度かつ複雑になっていることもあって利用者が自分では修理できない設計になっているものも多く、壊れたら修理するよりも新しいものを買う方が安い、という状況もまれではありません。だからこそ、すでにみたように、生産者の責任は「拡大」されてきています。それでは生産者だけがこの社会の「汚染者」なのかといえば、それは違うのではないでしょうか。大量に消費し、廃棄している消費者一人ひとりも、循環型社会への移行を阻んでいる「汚染者」といえるのではないでしょうか。そうだとすれば、生産者にリサイクル責任を負わせるだけでなく、この一人ひとりの「汚染者」が日々の生活を改善していかなければ、循環型社会への移行はとてもままなりません。

　社会全体が「持続可能な発展」を目指すことを合意し、政策決定者は予防的な観点から前倒しで対策を考え、事業者や市民がそれぞれに責任を負って取り組んでいくことができてはじめて、循環型社会への扉が開いていくのではないでしょうか。

● リサイクルをすすめる法制度の仕組み

　前置きが長くなりましたが、ここで現行の日本のリサイクル法の仕組みをみてみましょう。まずは、容器包装廃棄物のリサイクルのために作られた、容器包装リサイクル法、そして、プラスチック問題への関心の高まりを受けて制定されたプラスチック新法について解説します。

　日本では過剰な包装がされることが多く、容器包装廃棄物は家庭ごみの約6

割（容積比）を占めています。この容器包装廃棄物について、従来は市区町村が家庭ごみとして処理する責任を一元的に担っていました。容器包装リサイクル法はこの仕組みを変革しました。容器包装を作ったり使用したりする事業者（たとえば、ペットボトルを製造する事業者と、それに中身を充填して販売する飲料メーカー、それを販売する小売店。法律上は「特定事業者」といわれます）と、商品を買って容器包装を廃棄する消費者と、家庭ごみの処理責任を負う自治体の3者で役割分担をしてリサイクルを進める仕組みとしたのです（図2）。すなわち、消費者は法律の対象となるものを分別して排出します（「プラ」マークのついたプラスチックの容器包装、びん、かんなど）。市町村はそれを分別収集し、再商品化事業者に引き渡します。再商品化事業者がこれをリサイクルするわけですが、重要なのはリサイクルにかかる費用負担の問題です。この法律は、上記の「特定事業者」に再商品化を義務づけており、指定法人への費用支払いという形でその義務を履行したこととする仕組みとしました。再商品化を義務づけるとはいっても、特定事業者が自前でリサイクル工場などを作る必要はなく、指定法人にリサイクル費用を支払えば、指定法人が競争入札で選んだ再商品化事業者が実際にリサイクルを行ってくれるということです。拡大生産者責任に基づき事業者に再商品化にかかる費用負担を義務づけたという点が画期的でした（再商品化事業者に引き渡さず、事業者が自ら回収・リサイクルを行うこともあります）。

　この法律は市区町村に分別回収を義務づけてはいないので、自治体によって実施していないところもありますが、法の施行により容器包装廃棄物のリサイクル率は向上しました。しかし、一般廃棄物の排出量自体は高止まりしています。つまり、大量生産・大量消費・大量廃棄という社会のあり方自体は変わっていないということです。さらに、せっかく分別回収された廃プラスチックも国外に輸出されてしまい国内での資源循環が行われなかったり、欧州ではリサイクルと認められない「サーマルリサイクル」という名の下に燃やされていたりするなど、課題も少なくありません。さらにいえば、この法律に限らず日本の循環管理法は「リサイクル」に重きをおきすぎて、削減については事業者らの自主的な取り組みに委ねる部分が多く、排出抑制につながる義務づけなどがなかなかなされないことも問題です。

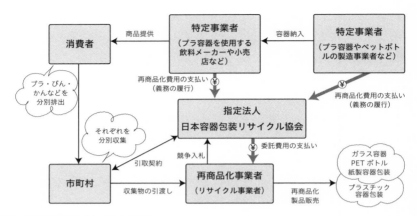

図2　容器包装リサイクル法の仕組み
（出典：日本容器包装リサイクル協会 HP をもとに筆者作成）

　こうした課題と、近年関心が高まったプラスチックごみ問題へ対応するため、2021 年にプラスチック新法（正式名称は「プラスチックに係る資源循環の促進等に関する法律」）が制定されました。環境省はこの法律が目指すのは「環境・経済・社会の三方よし」だと説明していますが、条文に示された法の目的はこのようになっています。

　プラスチック新法第1条
　　「この法律は、国内外におけるプラスチック使用製品の廃棄物をめぐる環境の変化に対応して、プラスチックに係る資源循環の促進等を図るため、プラスチック使用製品の使用の合理化、プラスチック使用製品の廃棄物の市町村による再商品化並びに事業者による自主回収及び再資源化を促進するための制度の創設等の措置を講ずることにより、生活環境の保全及び国民経済の健全な発展に寄与することを目的とする。」

　ここでは法律の制定の背景として、国内外での環境変化があげられています。そもそも今のようにプラスチックの対策が注目されるようになったのは、2017 年に中国が海外から廃プラスチックなどの輸入を禁止したことがきっかけです。中国に続いてマレーシアなども輸入停止を表明し、それまで廃プラス

チックを輸出していたEU諸国や日本は対応を迫られました。加えて、冒頭でも述べたように、海洋プラスチック問題の解決や循環経済の実現を目指していくこと、石油由来製品の使用を減らすことで気候変動の抑制につなげることを目指して、この法律が作られました。

　ここで「使用の合理化」とは、使用を削減することを指しています。この法律はまず「合理化」の観点から、プラスチックを使用した製品を製造する事業者に対して製品設計指針を示し、指針に適合した製品を認定する仕組みを作ることで、製品の減量化・包装の簡素化・長寿命化などを促しています。また、同じく「合理化」の観点から、商品の販売時に消費者に無償で提供されていたプラスチック製品（プラスチックのナイフ、フォーク、スプーンといったカトラリーなど）の提供方法などを工夫して、使用の削減への取り組みを促しています。コンビニでお弁当を買うと何も言わなくても付いてきたプラスチックスプーンや、ホテルに泊まると部屋に備えられていたプラスチックの櫛や歯ブラシなどの提供方法が変わりつつあることを実感している人もいるのではないでしょうか。

　「市町村による再商品化」というのは、従来から上述の容器包装リサイクル法で行われていたことですが、この法律により、容器包装以外のプラスチック使用製品も回収して再資源化できる仕組みを作りました。これまでの容器包装リサイクル法に基づく仕組みにおいては、プラスチック製の容器包装（食品トレーやプラスチックフィルムなど）は分別回収の対象でしたが、同じプラスチック製でも製品それ自体（プラスチック製のおもちゃや歯ブラシなど）は回収対象ではありませんでした。これは実際に家庭ごみを分別排出している市民にとっては分かりにくい制度です。そこで、自治体がプラスチック使用製品の分別基準を作って市民に告知し回収した場合に、再商品化を行うことができるようになりました。もっとも、容器包装リサイクル法も自治体に分別回収を義務づけるものではありませんでしたし、この法律も再商品化の義務づけを行うものではありません。したがって、容器包装リサイクル法に基づいてプラスチックの容器包装を回収している自治体であっても、プラスチック使用製品はこれまで通り可燃ごみとして回収する、というところも出てくることになります。

　「事業者による自主回収及び再資源化」の観点からは、プラスチック使用製品を製造・販売・提供する事業者が使用済みプラスチック製品を自主回収し再資源化するのを促進するために一部の規制を緩和しました。これまでは事業者が使用済みプラスチック製品を自ら回収して再資源化するためには、廃棄物処理法に基づく許可を取得しなければなりませんでした。この法律は、事業者が事業計画の認可を受ければそのような許可がなくても再資源化に取り組めることとしたのです。

● いまの制度の問題点——プラスチック問題から考える

　ほかにも循環管理法として重要なものはありますが、ここではプラスチックごみ問題との関連から上記の2つの法律について解説をしました。それではこれらの制度によってプラスチックごみ問題は解決へと向かうのでしょうか。率直にいって、このままでは難しいといわざるをえません。まず、これらの法律は強制力が弱いということがあります。分別回収を行うかどうかも自治体の判断に任せられていますし、EUのようにワンウェイプラスチック製品（使い捨て製品）の販売を禁止するといった強い規制も導入されませんでした。事業者による合理化や回収・再資源化も、自主的な取組みに委ねる部分が大きくなっています。たしかに禁止や強制といった措置をとるとかなりの経済的な負担を伴うことになりますが、現在の仕組みで取組みを加速させる事業者がどれほど出てくるでしょうか。そして、私たち市民一人ひとりの消費行動は、どのように変化することが想定されているのでしょうか。

　もう一度、環境法の基本理念を思い出しておきましょう。環境法が終局的な目標としているのは持続可能な発展です。循環型社会の実現は社会全体が持続可能に発展していくために必須といえます。持続可能な発展という長期目標を達成するためのいわば中期目標として、循環型社会への移行を進めていく必要があります。そして環境法は予防原則に則った予防的なアプローチを大切にしています。プラスチックの過剰な使用がもたらす悪影響は、海洋生物が誤飲するなどの直接的なものにとどまりません。マイクロプラスチックとなって人体に蓄積してなんらかの悪影響を及ぼすことや、添加されている化学物質が環境

中に排出されて生物多様性に悪影響を与えることも懸念されています。こうした点も含めて今から予防的に対策を講じておくことが重要です。そして、循環型社会への移行のためには事業者の取り組みが不可欠です。拡大生産者責任の考え方に基づいて、事業者には環境に配慮した製品設計や、大量消費・大量廃棄につながらない製品・サービスの提供方法の考案に取り組んでもらうことが重要になります。そして、一人ひとりの市民は汚染者としての責任を自覚して、自らの行動を見直していかなくてはなりません。こうした基本理念を踏まえると、いまの制度には改善すべき点が多いといわざるをえないでしょう。

　プラスチック問題を解決するためには、とにかく使用量を減らす必要があります。そのためには、たとえば代替品のあるものから製造や販売を禁止するような強制力のある政策が必要になります。事業者の自主的な取り組みに委ねるのではなく、強制力のある規制を導入することにより、代替品の開発や普及が促進される効果があることは過去にも実証されています（スパイクタイヤの禁止によるスタッドレスタイヤの普及など）。対象となる製品も順次拡大していく必要があるでしょう。これにより、事業者の製品設計や消費者の行動変化が期待されます。つぎに、使用済みのものの回収・再資源化を進めなくてはなりません。そのためには自治体に回収目標を示してその達成を求めていくといったやり方も有効でしょう。デポジット制度などをもっと普及させることで回収を後押しすることもできます（コラム参照）。再資源化を進めるためには、使用済みプラスチックの輸出や、サーマルリサイクルと称して焼却することをやめなくてはなりません。そうすることで国内の再商品化事業者が育っていけば、資源の国内循環が進んでいくでしょう。こうした施策が取られていけば、消費者の行動は否応なく変化を求められます。マイバックやマイカトラリーを持ち歩くことだけでなく、使用した容器の返却や量り売りでの商品購入なども生活の一部となるはずです。

　こうした社会像を、国は提示できているでしょうか。法は、そうした社会を実現することを念頭に作られているでしょうか。事業者や消費者は、そのような社会を実現しないと、この地球環境はもうもたない、持続不可能なところまできつつあるということを了解できているでしょうか。循環型社会とはどのような社会なのか、その具体的なあり方を市民と事業者と政策決定者が共有し、

それを実現するために必要な仕組みを法律が整える、という順序での議論が求められます。

コラム 環境政策の手法

　市民の生活は、どのようにすれば変わっていくのでしょうか。循環型社会の形成に貢献したいと考える方には、今すぐにでもできる取り組みをいくつかご紹介しましょう。最近は食品ロスを減らすために、規格外の野菜や賞味期限の近い食品を安く売っているお店やネットスーパーが増えています。ネットスーパーも決まった場所に引き取りにいけば送料がかかりません。洗剤や調味料を量り売りで販売しているお店も、まだまだ少ないですが、注目されています。個人で中古品を売り買いできるフリーマーケットは対面でもオンラインでも充実していますし、中古品専門店も増えてきました。これらは何らかの理由で正規品・新品よりも割安に購入できるので、利用する人が増えています。ぜひ試してみてください。

　しかし、使用済みの容器を回収場所に持っていくことや、無償で提供される使い捨てレジ袋やプラスチックスプーンを断ることは、単に負担が増えるだけなので、多くの人に自主的に継続的に行ってもらうことは期待できません。そこで、政策的に経済的な動機づけを与えて人々の行動を環境適合的なものへ誘導していくことが重要になります。環境法学ではこれを「経済的手法」と呼んでいます。「やった方がお得」、あるいは「やらないと損をする」という仕組みを作るということです。たとえば使用済みの容器包装をスーパーの回収場所に持っていけばそのスーパーのポイントが貯まるとか、レジ袋やプラスチックスプーンはお金を払わなければもらえない、とすることで、何もしない場合と比べてより多くの人が環境にやさしい行動を選択するようになるわけです。本文で出てきたデポジット制度というのは、商品の価格に容器代などが上乗せされていて、容器を返却すればその分のお金（デポジット）が返却される、という制度です。日本でも40年ほど前まではジュースやビールなどは瓶で販売することが当たり前で、空き瓶を小売店へ返却するデポジット制度が確立していました。循環型社会の形成には市民一人ひとりの行動変容が不可欠ですが、法律で一人ひとりの生活を取り締まることはできないので、こうした経済的手法を用いた政策が適しているといえるでしょう。他方で、事業者に対しては経済的な手法も有効ですが、規制的な手法も取り入れる必要があります。「修理ができる製品でないと販売できない」「CO_2を出さない製品でないと販売できない」というのはいずれもEUが取っている政策ですが、このようにすることで、製造事業者の製品開発の方向性が大きく転換することが期待できます。課題の性質や相手方によって適したアプローチは異なります。

その点を踏まえた法制度を構築していくことが重要です。

レポート課題

問　循環型社会の形成のためには、本文で取り上げたプラスチックごみの他にも、家電や食品、自動車などへの対策も進めていかなくてはなりません。あなたが重要だと考える物について、その循環的な利用を進めるためにはどのような法制度が必要か、環境法の基本理念に言及しながら、あなたの考えを述べてください。

小テスト

問　次の各文章の内容が正しいか、誤っているかを判定して、誤っている場合には正しく書き直してください。

⑴　戦後の日本ではリサイクルを進める必要性が高まったため、1970年に廃棄物処理法が制定された。

⑵　リオ宣言が示した予防原則によれば、環境への悪影響が疑われるものはただちに禁止されなければならない。

⑶　容器包装リサイクル法は拡大生産者責任に基づいて特定事業者に再商品化の費用負担を義務づけた。

⑷　プラスチック新法は消費者にプラスチックスプーンの辞退を義務づけた。

2　経済学からみる循環型社会【経済学】

● 本節の構成について

　循環型社会元年と呼ばれた2000年の前後に相次いで循環型社会を目指すための法制度が整備されました。当時の文献を紐解くと、そうした整備の背景には最終処分場の逼迫があることがわかります。環境省『環境統計集』によると、2000年の最終処分場の残余年数は一般廃棄物で12.8年、産業廃棄物にいたっては、わずか3.8年という危機的な状況でした。直近では一般廃棄物で21.6年（2018年）、産業廃棄物では16.4年（2017年）まで回復しています。それ以外にもリサイクル率の上昇、不法投棄減少など、この20年間で循環型社会を目指す取り組みは大きな成果をあげたといえるでしょう。

　この時期に導入された循環型社会形成推進基本法や各種リサイクル法の趣旨やその影響については既に多くの良書が存在します。例えば、全体像をまず摑んでみたいということであれば、環境省『日本の廃棄物処理の歴史と現状』を読むことをお勧めします。その後、法制度が制定されるに至った背景やその意義についてより詳しく知りたい場合は、細田（2008）を読んでみると良いでしょう。また、より法的側面について知りたいということであれば、北村（2020）を手に取ってみてください。

　本節では、上記の書籍が扱っているような2000年前後の法制度についてはあまり触れません。むしろ、これらの法制度制定から20年以上が経過し、社会の劇的な変化と合わせて、制度疲労を起こしつつある側面に焦点を当てていきたいと思っています。これは決してこれまでの循環型社会を形成するための法制度が良くなかったということを意味していないことに注意してください。むしろ、家電リサイクル法や自動車リサイクル法をはじめとして、優れた成果を上げてきたと言えます。2020年春からの新型コロナウィルスのパンデミックと2022年2月に始まったロシアのウクライナ侵攻は社会に劇的とも言える変化をもたらしました。パンデミック対応と経済制裁という2つの異なる目的

で国際的な人の往来や貿易は大きく制限されることになりました。グローバルサプライチェーンに頼る経済は大きな岐路に立たされることになり、結果として我が国の資源循環のあり方にも大きな影響を与えているのです。

　以下では、はじめに経済学の視点から廃棄物を取引するとはどのような特徴があるかを整理します。続いて、資源制約及びサプライチェーンへの地政学的リスクの増大という2つの外的要因により、循環型社会を目指す取り組みはどのような影響を受けているのか、そして今後どのような方向に進んでいくべきなのかを考えたいと思います。

● 経済学からみた廃棄物

1　二重の情報の非対称性

　私たちが暮らす市場経済においては市場に参加している消費者や生産者といった一人一人が意思決定を行っているという意味で分権的な経済活動と言われます。分権的な市場メカニズムは経済活動を効率的に進める上で優れたものですが、この効率性が担保されるには一定の条件が必要であることが知られています。その1つが「情報の非対称性」が存在しないということです。ここでいう「情報の非対称性」とは、市場に参加している消費者と生産者の間で、売買の対象となっている財・サービスについての情報に格差があることを言います。例えば、車検制度が日本のように整っていないアメリカでは中古車を購入する際に、（これまでの事故歴などをよく知っている）売り手と買い手の間に見た目ではわからない財の質についての情報量の差があります。このような問題を情報の非対称性と呼んでいます。

　人間の血管になぞらえて、製品を販売するまでを扱う経済を動脈経済、使用済み製品を扱う経済を静脈経済と呼ぶことがあります。循環型経済と呼ぶからには、この2つの経済がつながり、循環する必要がありますが、まずはその出発点として、静脈経済に注目してみます。静脈経済における廃棄物の取引は、動脈経済の取引と異なるのでしょうか？　答えはイエスです。静脈経済において不要になったもの手放す際の取引は、モノの流れとカネの流れが同一になる「逆有償取引」となるという意味で動脈経済と異なっています。使用済みと

なった不要な製品は処理事業者の手に渡り、その処理費用も排出者から処理事業者の手に渡ります。つまり、モノとカネが同じ方向に流れています。これを「逆有償取引」と呼んでいます。一方、動脈経済では、消費者はモノを購入し、その対価を販売者に支払いますので、モノとカネの流れが逆になります。これを「有償取引」と呼びます。また、以下では逆有償取引となる製品をバッズ、有償取引される製品をグッズ、と呼び分けることがあります。

細田（2015）によれば、逆有償取引には、2つの意味で情報の非対称性が存在します。ひとつは、排出者は自らが依頼した使用済み製品を処理事業者がどのように処理したかを正確に知ることが極めて困難であるという点です。例えば、私が所有する自家用車のバッテリーを交換する必要があり、不要となった鉛バッテリーを処理事業者に引き渡したとします。もちろん、ほとんどの処理事業者は適正処理を行い、必要に応じてリサイクルをしていますが、これまでに使用済み鉛バッテリーが不適正に処理され環境汚染につながった事例は世界中をみると数多く存在します。私自身は使用済みバッテリーと一緒に処理費としてカネも渡しており、私が引き渡し時に同意した方法で実際に鉛バッテリーが処理されたかをこの目で確認することはほぼ不可能です。

一方、動脈経済の有償取引であれば、モノとカネの流れが逆で手元にモノが残るため、その質を確認することができます。鉛バッテリーの例で言えば、新たに購入した鉛バッテリーが仕様書にあるような性能を発揮していないとすれば、それを確認することができ、必要であれば返品や交換などの対応をとってもらうことが可能です。しかし、バッズのような逆有償取引では手元にモノは残らないため、処理業者によって（最悪の場合）不法投棄がなされていないかどうかを正確に把握することは困難で、もししようとすれば24時間監視するなど莫大なコストがかかってしまうのです。

2つ目は、全く逆の視点で、処理事業者は排出者の協力なくして、処理する廃棄物の正確な組成を知ることが困難であるという点です。排出事業者によっては自社の廃棄物についての組成情報は「企業秘密」にあたるとして処理事業者にその内容を明らかにしない場合もあるといいます。このような場合、処理事業者は、不適正処理をする意思がなくても、情報が十分にないため、結果として不適正処理や不法投棄となってしまう可能性があります。処理物の情報が

十分でないことが理由で廃棄物処理施設の故障につながることもあるようです。

そして、近年ではこの2つ目の情報の非対称性の問題は、企業秘密の問題だけにとどまりません。デジタル機器の増加に合わせて利用が増えているリチウムイオン電池が家庭系廃棄物の「燃えるごみ」に混入し廃棄物処理施設内で火災が発生する事例が後を立ちません。日本経済新聞（2022年7月7日夕刊9面）によると、2020年度には全国でリチウムイオン電池を原因とする火災や発煙が1万件以上発生しました。これらの事案の中には結果として億の単位で修繕費用がかかったものもあります。分別がきちんとなされていれば、防げる事案であり、消費者へのさらなる注意喚起が求められています。

以上のようにバッズの市場取引においては情報の非対称性の発生は避けて通れません。このような情報の非対称性が存在する場合、市場取引の結果は望ましいものとはならないため、市場の外に何らかの法制度を構築する必要が出てきます。これは、「廃棄物の処理及び清掃に関する法律」（1970年12月公布、以下廃掃法と略）をはじめとした我が国の廃棄物ビジネスをとりまく各種レジームによる市場介入は、経済を自由な市場での取引になるべく任せるべきだと考える経済学の視点からも必要であることを意味します。

2　簡単ではない廃棄物の定義

上述のように静脈経済については、市場経済を支える法制度の存在が重要です。廃掃法は、適正処理を担保するために、廃棄物を取り扱うことができる事業者を許可を得たものだけに限定しています。廃棄物の収集運搬や処理を行うものに許可を義務付けるということですので、当然、許可事業者を選定するには「廃棄物とは何か」という定義が必要になります。実際、廃掃法では第2条で以下のように定めています。

　　この法律において「廃棄物」とは、ごみ、粗大ごみ、燃え殻、汚泥、ふん尿、廃油、廃酸、廃アルカリ、動物の死体その他の汚物又は不要物であつて、固形状又は液状のもの（放射性物質及びこれによつて汚染された物を除く。）をいう。

しかしながら、この定義があまりにも曖昧であるため、旧厚生省環境衛生局

環境整備から以下のような通知が出されました。

　　（抜粋）廃棄物とは、占有者が自ら利用し、又は他人に有償で売却することがで
　きないために不要になつた物をいい、これらに該当するか否かは、占有者の意思、
　その性状等を総合的に勘案すべきものであつて、排出された時点で客観的に廃棄物
　として観念できるものではないこと。

　これをみても、総合的に勘案すべきと述べられているように、使用済み製品
を見た瞬間に廃棄物であるかどうかを簡単には決められないことがわかります。
「占有者の意思」も問われており、あるものが「ごみ」であるかどうかはそれ
をみた人によって異なるのです。例えば、アイドルグループのファンにとって
はお気に入りのアイドルが着ていたＴシャツをもらったら嬉しいかもしれませ
んが、別の占有者にとっては廃棄物かもしれません。また、著名なプロスポー
ツ選手がスタジアムで使用したユニフォームをファンにプレゼントすることが
ありますが、これはサポーターにとっては宝物であっても、そのスポーツに興
味のないものにとっては廃棄物になるでしょう。

　何が廃棄物かは時代によっても異なります。例えば、現代の日本において人
間の排泄物を欲しがる人は稀であり、逆有償取引をされる廃棄物です。しかし
ながら、江戸時代には貴重な肥料として、有償取引されていました。

　気候変動問題において、CO_2 は世界のどこでも CO_2 ですが、廃棄物につい
ては世界といわず、国内でも何が廃棄物か、についての意見が分かれることが
十分にあり、裁判に発展することもあります。例えば、水戸木くず事件（水戸
地裁平成 16 年 1 月 26 日判決）は、逆有償で木くずを受け入れた処理業者が木材
チップに加工して有償で販売している例で、この処理業者が受け入れた木くず
が廃棄物であるという訴えは認められませんでした。それまで逆有償物は廃棄
物であるとの認識が主流であったため、逆有償であるにもかかわらず廃棄物で
はないと結論づけられたこの判決は大きな話題を呼びました。廃棄物を定義す
ることが実は簡単ではないところに、循環型社会に関する法制度の設計におけ
る難しさがあります。

3　究極の目標──不適正処理・不法投棄の撲滅

　日本が高度経済成長を遂げた後の 1960–70 年代には、工事や建設現場で不要になったものなど、これまでとは違った種類の廃棄物が出てくるようになりました。現在の産業廃棄物です。生活系ゴミを想定した自治体の廃棄物処理行政では対応が難しかったこともあり、当時の廃棄物処理業者の中には処理料金をもらった上で不法投棄をするというような行為も横行していました（杉本, 2021, p17）。廃棄物の取り扱いに許可が必要になるなど徐々に廃掃法が整備され、静脈経済に秩序が出てきましたが、それでも不適正処理や不法投棄は続いていました。その背景には、上述のように、廃棄物の定義が極めて難しいということもありました。明らかにリサイクルできないと思われる使用済み製品でも、「占有者」がリサイクル原料であると主張する場合には、業の許可なく廃棄物を収集運搬していたとしてもそれを廃掃法違反だとして取り締まることは容易ではなかったのです。日本で最初の大規模不法投棄の事例として知られる香川県豊島の案件もそのような曖昧な解釈から結果として大量の廃棄物を不法投棄するにいたった案件です。不法に投棄されたのは主に産業廃棄物で、その量は合計で 48 万立方メートルと推計されました。これは高さ 10m まで産業廃棄物を積み上げたサッカー W 杯で使用されるグランド 6 個分の量に相当します。また、ダイオキシンが高濃度で検出されるなど環境汚染も深刻でした。

　豊島の不法投棄事件は 1990 年 11 月に兵庫県警が摘発し、2000 年に公害調停が最終合意に至るまで 25 年の年月がかかりました（公害等調整委員会、

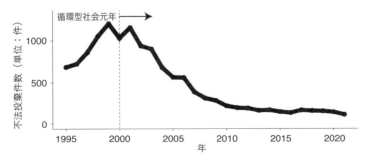

図 1　我が国の不法投棄件数の推移
（出典：環境省（2023）『産業廃棄物の不法投棄等の状況』（1 件あたりの投棄量が 10t 以上の事案。ただし、特別管理産業廃棄物を含む事案は全事案））

2020)。その間、マスコミにも頻繁に取り上げられ社会問題となったことが循
環型社会を推進するための各種法制度を後押ししたことは間違いありません。
図1は1995年以降の我が国の不法投棄件数の推移です。これをみると2000
年前後まで増加していた不法投棄件数が徐々に減少に転じていったことがわか
ります。豊島事件では、国と香川県が負担した処理事業費は2021年3月で約
800億円と言われていますので、不法投棄の撲滅は廃棄物行政の最重要課題の
1つと言えます。

　経済学の視点からみると、不法投棄を行う主体は、「(1)適正処理を行った場
合の費用」と「(2)不適正な処理が発見された際に支払う罰金の期待値（不法行
為が発見される確率に発見された場合の罰金を乗じたもの）」の合計を最小化する
ように行動していると考えられます（山本, 2017）。ここで注意してほしいこ
とは、不法投棄を行うかどうかの意思決定は、その不適正な行為がどのくらい
発見されやすいかに依存している点です。図1に示されているのは、発見さ
れた不法投棄のみです。未だ発見されていない不適正処理・不法投棄はきっと
どこかにあると考えられます。つまり、不法投棄対策としてパトロールなどを
強化すると、これから不法投棄される量は減少するかもしれませんが、過去の
不法投棄はより発見されやすくなります。その結果、パトロールという費用を
かけたのに、不法投棄が増加するという関係がみられる場合もあります。

● 循環経済への取り組み

1　EU発の循環経済の推進

　循環型社会元年と呼ばれ、各種政策が制定された2000年ごろの我が国の静
脈産業は、ほとんど諸外国の政策の影響を受けずにいました。もちろん、一部
の2次資源の国外流出に関する懸念や、そもそも資源価格が国際市場で決定さ
れているなど、全く影響を受けないということではありませんでしたが、気候
変動枠組条約（United Nations Framework Convention on Climate Change：
UNFCCC）による締約国会議（Conference of the Parties：COP）、あるいは直近で
あれば、カーボンニュートラル達成のための国際公約など、国際交渉の影響を

強く受けてきた気候変動問題と大きく異なっていたと言ってよいと思います。

　ところが、2010年代になると、EU諸国から、資源効率性（resource efficiency）や循環経済（circular economy：CE）という、日本が長く循環型社会と呼んできた分野に深く関わる新しい政策概念が立て続けに発表されました。循環経済の定義は数多く存在しますが、本節では、

　　資源を収奪的に生産・消費・廃棄する（take-make-use-disposal）経済、すなわち「一方通行経済」（Linear Economy）と対局になる概念で、動脈経済と静脈経済がスムーズに接合されることによって天然資源の経済系への投入が最小化される一方、廃棄物の自然系への排出量が最小化されるような経済

としましょう。日本が推進してきた「循環型社会」とEU発の「循環経済」は大きな方向性はほとんど同じですが、あえてその差を言うとすれば、「循環型社会」は廃棄物をいかに適正処理するかと言う点により軸足を置いているのに対して、「循環経済」は動脈経済と静脈経済をより一体的に考えています。わずかではありますが、こうした姿勢の差が生じるのは、産業構造や歴史的経緯の影響も小さくありません。日本では、1960年代の東京において、家庭ごみの適正処理をめぐって住民が激しく対立するなど、いわゆる「東京ごみ戦争」を経験しました。そうした経緯が、図２のような廃棄物の処理方法に反映されています。湿度が高く、国土の狭い日本では、当時の技術では適正処理を進めるために焼却処理が最適であったため、現在でも廃棄物処理における日本の焼却処理のシェアは主要先進国の中で飛び抜けて高くなっています。

　廃棄されてしまったことを前提とすると、例えば使用済みプラスチックを熱回収する（燃料の代わりにプラスチックを燃やしてエネルギー利用すること）は合理的です。ところが、もともと焼却への依存が少ないEUはマテリアルとしてのリユース・リサイクルをより重視しており、例えエネルギー回収があったとしても焼却することの位置付けを低くしています。

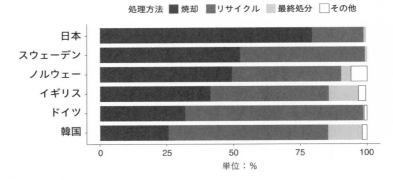

図2　主要国の廃棄物処理
（出典：OECD Stat（2019年のデータ））

2　廃プラスチック問題

　プラスチックは軽く丈夫で安価であることから、容器包装を中心に我々の生活で広く利用されてきました。しかし、2015年頃から、そのプラスチックが「悪者」としてみられるようになりました。そのきっかけの1つが2015年8月に公開されたウミガメの鼻に刺さったストローを抜く動画で、既に1億回以上再生されています。その後、Ellen MacArther Foundation（2016）が2050年には海洋プラスチックごみの方が海の中の魚の量より多くなるという試算を公表すると、2018年にはG7シャルルボワサミット（カナダ）において、G7海洋プラスチック憲章が採択されるなど、世界的な脱プラスチックへの動きにつながっていきました。

　日本も2019年には「プラスチック資源循環戦略」を公表し、「3R＋Renewable」の基本原則の下、「2030年までにワンウェイプラスチックを累積25％排出抑制」、「2030年までに再生利用を倍増」、「2030年までにバイオマスプラスチックを約200万トン導入」といった野心的な目標を設定しました。

　なお、バイオプラスチックとは、植物などを原料とするバイオマスプラスチックと微生物等の力によってCO_2と水に分解される生分解性プラスチックのことを言います。植物等を原料とするバイオマスプラスチックであっても非生分解性のものと生分解性の両方があります。また、生分解性プラスチックの中には化石資源由来のものも存在します。原料や化学構造は多岐にわたってお

り、特徴を正しく理解して目的に応じて使い分けることが重要です。

　金属資源は例え屑鉄でもリサイクルした方が新たに鉱石を採掘し精錬するよりもエネルギーを節約できます（エネルギーを節約できるということはCO_2排出も少なく、経済的にも有利であることを意味します）。金属資源は単価も高いため、リサイクルの設備投資を行なっても十分に回収できる点も特徴です。しかしながら、プラスチックリサイクルには金属のようなエネルギー面での優位性はありません。原油からプラスチックを製造する際に多くのエネルギーが投入されますが、それらは成形までのプロセスに用いられるため、リサイクルのために化学的に分解してしまうと失われてしまうためです。そのような特徴から、マテリアルリサイクルは、プラスチックの特徴を最も活かした手法であると言えます（加茂，2022）。

　日本では業界団体による「PETボトルの自主設計ガイドライン」を2001年に改訂して、着色ボトルの使用をやめることになりました。無色透明のボトルだけが流通することになり、PET容器への直接の印字も禁止されたことから、他国に類を見ない高純度の廃PETボトル回収が可能になっています。

　その効果はリサイクル率に如実に表れています。図３は日本、EU、米国のPETボトルのリサイクル率の推移を示したものです。これをみると、日本のPETボトルのリサイクル率が安定して高水準で推移していることがわかります。ロシアによるウクライナ侵攻後、地球規模でのサプライチェーンを持つことのリスクが高まっています。既に国内に滞留している資源を最大限に利用する

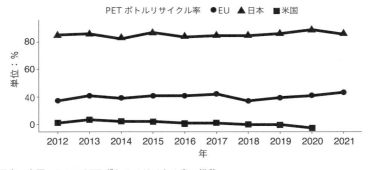

図3　日本・米国・EUのPETボトルリサイクル率の推移
（出典：PETボトルリサイクル協会）

ことはますます重要になってくると考えられます。動脈サイドの設計がスムースに静脈経済につながった PET ボトルリサイクルは貴重な事例といえます。

3　修理する権利

　現代社会においては、私たちの身の回りで最も頻繁に使用されている製品といえばスマートフォンではないでしょうか。スマートフォンはかなり丈夫にできていますが、それでもこれまでに液晶画面を割ってしまったり、他の部品を壊してしまったりしたことがある人は少なくないと思います。そうした場合、スマートフォンであれば、製造メーカーに問い合わせて修理してもらうと思いますが、場合によってはかなり高額な費用がかかることがあると思います。もし、もっと安い製品の場合はどうでしょうか？　もしかすると、液晶タイプの目覚まし時計や扇風機などは、修理に出さずに廃棄し、新品を購入した、という経験があるひとも多いかもしれません。多くの電子機器は製造メーカー以外が修理することを推奨しておらず、保証の対象外としています。その結果、修理パーツや修理に必要なマニュアルなどは個々の消費者は入手できない状況にあります。

　消費者は購入した製品の所有者なのであるから、故障した場合に消費者が直す権利があるはずだ、というのが、循環経済の一環として議論されている「修理する権利（Right to repair）」です。電子電機機器のゴミ（E-waste）は増加する一方であり、修理する権利により、製品の長寿命化が進めば、E-waste の削減につながるのは間違いありません。その一方、スマートフォンのように高度な技術を用いて製造されている製品を、消費者が修理することについて安全性の面から憂慮する意見もあるようです。

　それでも現実社会での法制度化は少しずつ進んでおり、米国ニューヨーク州では、2022 年に修理する権利が可決されました。これは、一部の製造メーカーに、修理に必要なパーツやツール、マニュアルを提供することを 2023 年から義務づけるものです。EU では 2023 年 3 月に「製品の修理を推進するための共通ルールに関する指令案」が発表されました。この指令案では、製造メーカーに対して、一定の条件のもとで修理を義務付けています。また、消費者の修理サービスへのアクセスを向上するために修理にかかる価格や必要な時

間などに関する情報提供を行うプラットフォームの設置を加盟国に求めることになっています。

　また、フランスでは、一部の家電系の製品を中心に修理可能性のスコア表示が義務化されており、今後、対象となる製品はさらに増えていくようです。EUの一連の規則・規制では、域外からの輸入も対象とされていることから、製造業に強みを持つ日本企業としても注視する必要があります。折りしもパンデミックやウクライナ侵攻で、原料調達網や工場立地、販路ネットワークについての見直しが迫られている中、修理する権利への対応は、新しいサプライチェーンの構築を後押しするものになるかもしれません。

● 日本型循環経済を目指して

　本節では、日本が適正処理を重視した循環型社会の推進を着実に進めてきたこと、そして、世界的潮流としての循環経済に少しずつ舵を切っている現状について概観しました。この変化は、2020年5月に経済産業省が「循環経済ビジョン2020」を発表したこと、続く2021年には経済産業省・環境省が共同で「サーキュラー・エコノミーに係るサステナブル・ファイナンス促進のための開示・対話ガイダンス」を取りまとめたことからもみてとることができるでしょう。

　循環経済の推進により、これまで適正処理を目指して定められてきた法制度と摩擦が生じる可能性もあるかもしれません。とりわけ、静脈経済のインパクトが大きい分野を中心に個別のリサイクル法がしっかりと定められているため、法律が想定していない経済活動を行うことは難しい現状があります。新しいイノベーティブな取り組みを行おうとする企業にとってはこの既存の法制度がハードルとなる可能性がありますが、イノベーションなくして我が国の発展はありません。もちろん、廃棄物の適正処理が重要であることは疑う余地がありません。特にスマートフォンに代表される最新電子機器は処理方法を間違えれば、環境に大きなダメージを与えかねない材料を含んでいます。適正処理とイノベーティブな社会の追求、この2つのバランスをどのようにとっていくかが、今後の静脈経済の発展のカギとなるでしょう。

参考文献

［1］ Ellen MacArthur Foundation（2016）"The New Plastics Economy: Rethinking the future of plastics,"（https://ellenmacarthurfoundation.org/the-new-plastics-economy-rethinking-the-future-of-plastics, 最終アクセス：2023 年 2 月 25 日）.

［2］ 加茂徹（2022）「基調講演：持続可能な社会におけるプラスチックの循環利用」，公益社団法人石油学会第 64 回年会（https://doi.org/10.11523/sekiyu.2022.0_11 最終アクセス：2023 年 2 月 25 日）.

［3］ 北村喜宣（2020）『環境法第 5 版』，弘文堂.

［4］ 公害等調整委員会（2020）「元公害等調整委員会審査官が語る「豊島産業廃棄物不法投棄事件」」『ちょうせい』，第 100 号（令和 2 年 2 月）.

［5］ 杉本裕明（2021）『産廃編年史―廃棄物処理から資源循環へ―』，環境新聞社.

［6］ 細田衛士（2015）『資源の循環利用とは何か：バッズをグッズに変える新しい経済システム』，岩波書店.

［7］ 細田衛士（2008）『資源循環型社会：制度設計と政策展望』，慶應義塾大学出版会.

［8］ 山本雅資（2017）「第 5 章廃棄物・リサイクルの実証分析」有村俊秀・片山東・松本茂編著『環境経済学のフロンティア』，日本評論社.

レポート課題

問　製品の長寿命化は循環経済の推進に有効です。あなたの身近で長寿命化が進んだほうが良いのになかなか進んでいないと考えられる製品があれば教えてください。また、なぜ長寿命化が進んでいないか、あなたが考える理由も教えてください。

小テスト

問　次の各文章のうち、内容が正しいものをすべて選んでください。

⑴　日本の家庭ごみの処理においては焼却される量が最も多い。

⑵　廃棄物といっても元は販売された製品であるから、バッズであったとしても市場経済の中で効率的に取引される。

⑶　日本の不法投棄件数は 2000 年以降、右下がりの傾向にある。

⑷　廃プラスチックのリサイクルは、その物的特性から金属資源のリサイクルよりも一般に経済性が低い。

⑸　アメリカや EU で、消費者が購入した製品を自ら修理することが可能になるような法整備が進みつつある。

3　循環型社会を支える地球の生態系【自然科学①】

● 自然生態系の物質循環

　1節と2節で説明されたように、地球上の廃棄物の種類と量は年々増加し、その処理が大きな問題になってきています。「循環型の地球」、言い換えると地球の資源やエネルギーを将来にわたって有効に利用できる「持続可能な地球」を目指し実現するためには、本来の地球全体の物質循環や生態システムに立ち戻って考える必要があるように思われます。つまり、自然の循環系のなかでは、多くの生物が生産した物質はほとんど処理されているのに対し、問題になっている廃棄物はヒトという一種類の生物が生産したものだからです。

　この節では、まず、生物学の観点から自然の生態系のなかでの物質循環を考えたうえで、ヒトがつくり出した様々な製品の生産・蓄積・廃棄・分解、そして循環を考えてみようと思います。その物質循環のなかで特に重要なのは、生物体の構成成分として重要な水、炭素、そして、窒素、リン、硫黄です。さらに、太陽エネルギーから始まるエネルギーの循環もみていきます。

　水は、海洋、河川、湖沼に水として、氷河・氷山・極地やグリーンランドなどに氷として大量に蓄積されています。海洋、河川、湖沼などの水は絶えず太陽熱によって蒸発して、大気中に広がり、上空で雲となり、雨を降らせて土壌の動植物に水分を供給しています（図1）。いわば水の循環によって生物すべてが生かされていると言えます。ヒトは河川の水や地下水を飲用や生活用水、耕作用に利用しています。図では、ヒトとその他の生物による水の吸収と排出が太い矢印で示されています。一方、極地の氷は長く凍結したまま保存されているので、過去の大気の成分などを保持しており、過去の地球環境の解析に役立ちます。しかし、近年は地球の温暖化により氷河や極地の氷が溶けて、標高が低い地帯が海中に沈没するのではと危惧されています。他方、温暖化による砂漠化で、一部の国では飲料水の不足も指摘されています。また、工場排水や家庭からの生活排水、廃棄物や船舶事故からの油流出などによる汚染で、河川

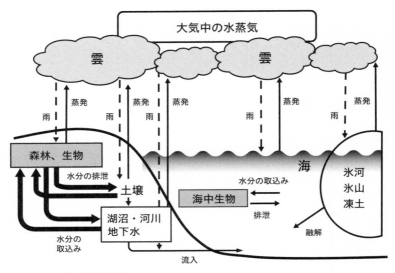

図1　水の循環（出典：筆者作成）

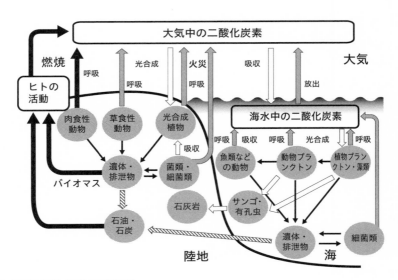

図2　炭素の循環（出典：筆者作成）

や海洋の汚染が広がる例もあります。現在は排水の定期的な調査や、基準を超えた場合についての法的な規制があります。

　炭素は、生物体の主成分のひとつで、植物が光合成で生産するエネルギーの主成分でもあるので特に重要です（図2）。地球に生物が誕生すると、その生物は酸素を吸収し、二酸化炭素を排出します。遺体や排泄物は土壌の微生物によって分解されて有機物の肥料となり、植物に吸収されてまた生命体の構成成分となります。また、長い年月を経て石炭や石油となります。海中では魚やプランクトンが二酸化炭素を排出し、それは大気に拡散していきます。サンゴや有孔虫は二酸化炭素を炭酸の形で取り込み、それらの死骸は石灰岩となり、二酸化炭素を固定します。

　植物は、呼吸により二酸化炭素を排出しますが、他方、大気の二酸化炭素を吸収して光合成をして穀物や果実を実らせ、多くの動物たちの食糧を供給します。この炭素の循環に、大きな影響を与えているのがヒトの活動です。図2ではヒトの活動による炭素の移動を太い矢印で示しています。ヒトの活動は、主に、石炭・石油の化石燃料を大量に燃焼させ、大気中に多量の二酸化炭素を放出しました。それが、地球の温暖化の主原因となっています。1、2節で述べられたように、温暖化は海水面の上昇、気象の変化から洪水、台風の多発、山火事などを引き起こしており、二酸化炭素の削減は世界中の喫緊の問題です（3章も参照）。

　窒素やリンは、農作物の生育には必須な肥料として知られており、土壌へ大量に散布されています。以前は、家庭でつかう洗剤にもリンが含まれていました。これらが河川や海に流れ込み、富栄養化して水質汚染を生みました。近年、洗剤が無リン化されたことや、下水道が完備されてきたことから、河川や海の水質は格段に改善しました。また、窒素や硫黄は、車や工場などから化石燃料を燃やした際に窒素酸化物や硫黄酸化物として空中に放出され、大気汚染や酸性雨につながっています。ここでも化石燃料の使用抑制が求められ、工場からの排気の浄化が進められ、電気自動車に期待が集まっています。

　エネルギーの循環については、太陽光や風力、地熱、潮力などの再生可能エネルギーが有効で、バイオマス発電も注目されています。最近、原子力発電を再認識して推進しようという動きがありますが、炭素を排出しなくても再生可

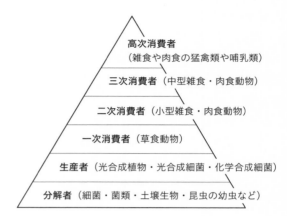

高次消費者
（雑食や肉食の猛禽類や哺乳類）

三次消費者（中型雑食・肉食動物）

二次消費者（小型雑食・肉食動物）

一次消費者（草食動物）

生産者（光合成植物・光合成細菌・化学合成細菌）

図3　生態ピラミッド
（出典：筆者作成）

分解者（細菌・菌類・土壌生物・昆虫の幼虫など）

能エネルギーではありません。燃料であるウランが利用によって枯渇していき、循環しないからです。また、使用済み核燃料なども蓄積する一方です。

　多くの生物を構成している物質は、食物連鎖、言い換えれば生物群集による生態ピラミッド（図3）によって、分解され循環していきます。生物の遺体や排泄物などの有機物は、細菌類、カビ・キノコ類の菌類などからなる「分解者」によって無機物に分解されます。そして主に光合成植物からなる「生産者」が無機物から有機物を合成し、草食性動物や肉食性動物からなる「一次、二次、三次、さらには高次消費者」が、その有機物を利用していくというものです。これらの生物はまた、排泄物を出し、遺体となって分解者によって分解され、生態系の物質が循環していきます。

　本章1節に述べられたように、「人間の活動を自然の浄化力の範囲内に納めることができれば環境汚染を防ぐことができます」が、ヒトによる生産物が自然の物質循環の処理能力を超える大きな負荷をかけてきたため、その積極的な回収・分解・処理・保存・管理・循環などについて対策が必要になってきました。EUは、2019年に成長戦略「欧州グリーン・ディール」を発表し、製品の長期利用、再利用、リサイクル、再生により、資源を経済システムの中でできるだけ長く循環させる「サーキュラーエコノミー（循環経済）」への移行を目標としました。加えて、人工物の過剰生産の削減と最終廃棄物の適切な処理が必要と考えられます。

● バイオマスの利用

　近年、動植物の生物体から生まれた資源をバイオマスと呼び、持続性のある資源とする動きが注目されています。家畜の排せつ物、食品廃棄物、廃棄紙、黒液（パルプ工場廃液）、し尿汚泥、建設発生木材、製材工場等残材などがそれに当たります。バイオマスを燃焼させると他の物質同様、二酸化炭素を放出しますが、それはバイオマスの中心である植物が成長過程で光合成により大気中から吸収したものであるため、新たに二酸化炭素を増加させているわけではないとされ、この考えは「カーボンニュートラル」と呼ばれています。廃棄物をバイオマスとして有効活用することで、ゴミの量が減少し、また廃棄する際に発生する二酸化炭素の削減にも繋がります。主な有効理由は以下の４点です。①地球温暖化防止、②循環型社会の実現、③農山漁村の活性化、④地域環境の改善。実際は主にエネルギー資源としての以下の利用が考えられます。①発電・熱利用（間伐材や建設資材などを直接燃焼してそれらのエネルギーを利用）、②メタン発酵（生ごみや下水汚泥、家畜の排せつ物などを発酵させて、メタンガスを発生させ、発電）、③液体燃料製造（サトウキビや、トウモロコシなどのでんぷん質を発酵させることにより、バイオエタノールを生成。自動車の燃料や工業燃料に利用）、④エステル化（廃油や菜種油、大豆油などの油脂を原料にして、バイオディーゼル燃料を得る。自動車の燃料や発電に利用）。

　その中で特にバイオマスを使った発電が注目されています。発電の仕組みには、火力、水力、太陽光、風力、潮力、波力、海流、海洋温度差、地熱、バイオマスなどを利用したものがあります。バイオマス発電は、カーボンニュートラルで地球にやさしい、廃棄物の再利用や減少につながる、天候に左右されないなどの特徴があります。しかしながら、木くずを圧縮成形した「木製ペレット」を発電に利用する際は、生産に高い費用が掛かり経済的ではないとの意見があります。また、トウモロコシなどの食料を燃料とすることには、食料不足の国から批判があり、排泄物の利用には悪臭があるなど、今後、更なる対策が必要です。

● ヒトは生態ピラミッドの頂点に立つ

　前述のように、物質循環にはヒトが大きく係わります。生態システムでいうと、ヒトは生態系の頂点に立つ「消費者」で、生態系のほとんどすべての生物を食料とする雑食性の動物です。乳酸菌など細菌類、キノコなどの菌類、種々の植物、昆虫類、魚介類、家畜や野生動物など、生態系の多様な生物を食料として恩恵を受けています。一方、ヒト自身のために農耕作物や魚介、家畜などを大量に生産、養殖、飼育している「生産者」といえます。生態系のピラミッドは上にいくに従ってその生物個体数が減少するものですが、ヒトはその頂点にあって、現在70億人を超える人口があり、なお人口増加が予想されます。食料不足が懸念されるとともに、その活動はいよいよ増大し、生態系に大きな負荷をかけています。特にその人工物の量、質、排出の仕方が問題となっています。

　第一に、廃棄物の中で、自然の中で分解される物質であっても分解可能な量を超えてしまって、自然の力による循環が困難な場合があります。多くは有機物で、家庭からの生ごみ、食べ残しの廃棄食品や伐採や枝切りした草や木材、廃材、排泄物などがあります。これらは、量的に多すぎるので自然の分解力では間に合わず、焼却したり、処理漕で分解して河川に流したり、そのまま埋め立てたりしています。前述したように、現在これらの多くはバイオマスとして、資源としての再利用が試みられています。

　二番目に、質的に自然の力では分解しにくい人工物があります。工業製品に含まれる化学物質、重金属、プラスチック、放射性物質などです。多くの家電製品は有機物とこれらの組合せの場合が多く、分解処理法も多様な方法が必要となります。現在、修理して再利用（リユース）、分解してリサイクルなど多様な対策が取られています。

　三番目に、物質を広い範囲に拡散させてしまい、回収すること自体が困難な場合があります。これはPM2.5（2.5マイクロメートル以下の粒子状物質）やマイクロプラスチックのような微細な粒子が大気に排出される例や、有機水銀やダイオキシン、放射性物質などの有害な物質が、海や河川、大気に排出されて拡散する例があります。これらは、いったん排出・拡散してしまうと回収が非

常に困難になるため、このような拡散型の排出物はできるだけ拡散しないよう予防と早期の対処が必要です。現在、これらに対しては1、2節で説明されたように多くの対応や規制がなされています。

● 生態系内で蓄積され、分解と循環が困難なものによる影響

1　金属類、有機金属類

　1960年代から顕著になった四大公害病のうち、熊本県と新潟県の水俣病、富山県の神通川流域のイタイイタイ病の3つが、この原因で生じました（もうひとつは、石油コンビナートの林立による大気汚染が原因の四日市ぜんそくです）。

　水俣では、1956年に化学メーカー「チッソ」水俣工場からの排水が原因となる神経性疾患が初めて報告されました。有機水銀（メチル水銀）を含む排水が水俣湾に流され、貝類や魚に取り込まれ、生体内濃縮されていきました。その魚介類を多食した人たちに、四肢末梢神経の感覚障害、運動失調、言語障害、手足の震えなどの症状が出て、多くの患者と死亡者が出ました。さらに、新潟でも昭和電工により同様の被害が出現し、新潟水俣病を生じました。チッソは当時の国益を担う企業でもあったことから生産を優先し、環境汚染への配慮の欠如から排出を続け、行政の適切な管理・指導の遅れもあり、最初の被害報告の12年後にようやく公害と認定されるまで被害が続きました。現在でもなお、多くの未申請・未認定の患者がおり、その認定基準をめぐって法廷で争われています。1960年代の時期は、同様に多くの化学工場が、十分な処理をせず河川や海に排水を流していたと考えられます。加えて、多量に使用された化学肥料が河川に流入し、魚貝類が水銀に汚染されたため、魚貝類を多く摂取する日本人は体内水銀濃度が高いとされています。2017年に発効した水銀の取り扱いに関する国際条約には、「水銀に関する水俣条約」として「水俣」の名前が付けられ、水俣病を教訓として世界で規制しています。

　また、1910年代から1970年代前半にかけて、岐阜県の三井金属鉱業の神岡鉱山において、未処理廃水により、神通川下流域の富山県で鉱毒病のイタイイタイ病が発生しました。排水中に含まれたカドミウムに汚染された米や野菜の摂取、水の飲用などにより、腎不全や貧血、骨がもろくなるなどの症状が生

じました。

　足尾銅山による鉱毒事件もよく知られています。明治時代初期から渡良瀬川周辺で排煙、排水などに、銅、鉛、カドミウム、亜酸化鉄、硫酸など多くの重金属類や毒性物質が流出し、酸性雨が降り、魚が死滅し、木々や農作物が枯死しました。日本で初めての鉱毒事件となり、100年公害と呼ばれますが、2011年に発生した東日本大震災でも渡良瀬川下流から基準値を超える鉛が検出されており、現在でもなお影響が残っています。

　現在は、公害対策基本法や環境基本法などにより、水質汚濁の環境基準値が定められていて、さまざまな施設からの廃液は定期的に調査されています。特定物質を含む廃液は回収されて処理されますが、鉱山による大規模な河川の汚染に対して十分な処理をおこなうことは困難で、引きつづき留意すべきと思われます。

2　プラスチック類

　プラスチック類については次節に詳細の説明がありますので、ここでは簡単に触れます。現在、多くのプラスチック類が製品化され廃棄されていますが、これらは分解されにくいため、分別ごみとして回収され、焼却するか、原料に戻してリサイクルされます。1980年ころより、プラスチック類を低温で焼却したことにより猛毒のダイオキシンが発生し、問題となりました。1999年、ダイオキシン類対策特別措置法が施行され、焼却炉は大きく改善され、ダイオキシンの放出は減少してきました。一方、ペットボトルやプラスチック類は不法投棄や流出も多く、海や河川に漂流して汚染や被害を引き起こしています。海中のビニール袋をクラゲやウミガメが飲み込んだり、細いプラスチック類が糸状になり、鳥の脚や羽にからみついたりしています。さらに、劣化して細かい粒子状になり、マイクロプラスチックとして地球上に拡散し、全ての生物に影響する可能性があります。このような被害を減らすためにも、できるだけ分別回収してリサイクルに努め、環境に拡散させないことが重要です。

　プラスチックは、環境負荷が大きい人工物とされていましたが、レジ袋の有料化とファーストフード店などでプラスチックのストローの廃止などが進んできて、使用量が減少してきました。また、最近、生分解性（微生物によって分

解され、自然に負荷をかけない物質になる）のプラスチックが注目されてきて、プラスチックも自然の循環系に入る可能性が出てきました。この発見は、技術の発展に伴い環境問題の解決法は変化していくこと、そのために多様な視点、柔軟な発想が必要であることを実感させます。

3　放射性物質

　2011年の東日本大震災で事故を起こした福島第一原子力発電所では、1、2、3号機が事故後2〜3日のうちに燃料棒がメルトダウンしていたことが明らかになりました。現在でもなお冷却水をかけ続けており、地下水も原子炉の格納庫を囲む建屋に流れ込んでいて、1日260トンもの放射性汚染水をつくり出してきました。最近、これは、放射性物質濃度を基準値以下に下げる処理後、その処理水を海中に放水して、対処を始めました。事故後の原子炉は、廃炉まで約40年の長い計画があり、汚染水のみならず、原子炉のデブリ、汚染土や汚染建材などの処理については、私たちの共通課題です。これらの状況を見ると、原子力発電は放射性物質の処理について循環の回路のない、行き止まりの状態といえます。二酸化炭素の排出がないクリーンな発電と言われ、原発促進の動きもある中、私たちは原発の是非についてともに考えていかなければなりません。

4　その他の毒性物質

　1960年代から世界的に、環境汚染物質のひとつとして「環境ホルモン」が問題になりました。動物の性ホルモンの作用をかく乱し、生殖機能へ影響を与え、野生動物の繁殖が異常になることから注目されました。環境ホルモンには、漁網に塗布するトリブチルスズ（TBT）、殺虫剤のDDT、耐熱絶縁体のPCB、界面活性剤の原料、プラスチック製品の原料などが含まれます。現在では、これらの多くが使用・製造禁止となったため、その環境汚染濃度は低下してきました。現在、これらのPCBやオゾン層破壊につながるフロンなど環境負荷を持つ物質を含む家電や車、エアコンなどは環境への拡散を防止するため、廃棄方法が定められています。

　タバコに含まれるニコチンは、かつてゴキブリやネズミの駆除薬としてつか

われており、青酸に匹敵する猛毒です。タバコのポイ捨ては、含まれるニコチンがそのまま土壌や河川に取り込まれるので、喫煙者はくれぐれも不法投棄しないようにすべきです。

　私たちは、この地球上で持続可能に生きつづけるために、以上のような循環できない人工物・廃棄物による汚染をできるだけ減らして、他の多様な生物の環境も守っていかなければなりません。

● 3R の前に意識すべきこと

　これまで説明したように、ヒトの文明が発展するに従い、人工物の種類と量が増大していき、地球の物質循環の維持には大きな問題が生じてきました。そこで、廃棄物に対する対処法としては、「3R」（スリーアール）がよく言われる言葉となりました。すなわち、リデュース（reduce；廃棄物の減量）、リユース（reuse；再使用）、リサイクル（recycle；再利用）です。リデュースは、廃棄物となる不要な包装紙や物品を減らすこと、無料のレジ袋を配布せず、マイバックの普及に繋がっています。リユースは、そのまま中古品として再使用することで、古着や贈答品のフリーマーケットやインターネットのオークションなどでかなり広く受け入れられてきました。日本では以前からビール瓶や酒瓶、新聞紙などが回収されて再利用していました。中古車や中古の家具などはリサイクルショップで扱われますが、実際はこのリユースに当たります。リサイクルは、素材はそのままでつくり直して利用するもので、アルミ缶やその他の金属類、古着の仕立て直しや、新聞紙や紙パック類からの再生紙、段ボールなどがそれにあたります。最近はさまざまなリサイクル製品が出てきていますので、消費者も環境にやさしい商品を選択することが望まれます。

　その他の廃棄物でこれらのリユースやリサイクルの経路に入れないもの、あるいはいくつかの素材が組み合わさって分離しにくいものなどで不要となった廃棄物は、焼却するか、埋め立てにつかうかが主な処理法です。現在、焼却では、二酸化炭素やダイオキシンの排出を削減すべく、高温の焼却炉となっています。埋め立てにおいては、3R の思想の浸透により、廃棄物の削減がすすみ、埋立地が満杯になるという危機的状況は少し緩和されてきました。しかし、埋

め立てた場所では、その中の有害物質が溶けだして、土壌汚染・水汚染になる例も発生しています。このように、人工物には地球の循環系のなかに戻すことがむずかしいものが多いのです。これらの廃棄物を地球への負担を軽くして循環系に取り入れるにはどんな方法があるでしょうか?

最近のEUをはじめとした「循環経済」の考え方は、経済活動のなかで資源を循環させるため、製品やサービスを世に放つ前の設計段階からその生涯をデザインする、自然の再生を目指し、製品としての寿命(価値)ができるだけ長くなるようにメンテナンスや修理する、製品としての役目を終えたあともごみにならないように次の用途や再資源化の活路をあらかじめ用意しておく——というものです。今後の取組みとしては、過剰生産を抑止し、最終的に不要になった際に、どのようにして自然のなかで生物が利用できる形に分解して自然の循環サイクルのなかに戻していくか、自然のなかの一部分になるように製品を開発・生産する際に前もって考えておくべきだろうと思われます。建物や製品、化学物質を、どのように壊すか分解するかを計画しておくこと、材料ごとにリサイクルしやすいように、分解・回収方法を最初から検討しておくことができれば、ヒトによる物質循環がよりよく構築されていくかもしれません。

参考文献
［1］ 片谷教孝・鈴木嘉彦(2001)『循環型社会入門』、オーム社.
［2］ 田島代支宣(2001)『水とエネルギーの循環経済学—大量消費社会を終わらせよう』、海鳥社.
［3］ 石田武志(2020)『再生可能エネルギーによる循環型社会の構築』、成山堂書店.
［4］ アウグスト・ラッガム,西川力翻訳(2015)『バイオマスは地球を救う—エネルギー政策の大転換を迫る』、現代人文社.
［5］ 横山伸也・芋生憲司(2009)『バイオマスエネルギー』、森北出版株式会社.
［6］ 今村雅人(2022)『図解入門ビジネス 最新 再生可能エネルギーの仕組みと動向がよ〜くわかる本(How-nual 図解入門ビジネス)』、秀和システム.

レポート課題

問 循環型社会にするための「3R」を説明し、さらに加えて必要なことがあれば説明してください。

小テスト

問　次の文章中の空欄①～⑩に入る最も適切な語句を語群から選んでください。
　　同じ番号の空欄には同じ語句が入ります。

　地球上の生物は呼吸により【　①　】を吸収し、【　②　】を排出します。他方、植物は呼吸するかたわら、【　③　】により、【　②　】を取り込み、【　①　】を排出して、多くの動物たちの食糧となる産物を生産します。その産物の主成分のひとつに【　④　】があります。生物体の遺体や排泄物は土壌の微生物によって分解されて【　⑤　】の肥料となり、植物に吸収されてまた生命体の構成成分となります。また、長い年月を経て石炭や【　⑥　】となります。海中では【　⑦　】や有孔虫が【　②　】を取り込み、それらの死骸は【　⑧　】となり、【　②　】を固定します。ヒトの活動は、化石燃料を大量に燃焼させ、大気中に多量の【　②　】を放出しました。それが、地球の【　⑨　】の主原因となっています。この【　④　】の放出を削減し、循環を持続可能にするための方策のひとつとして、生物由来の廃棄物を【　⑩　】として利用を進めています。

［語群］　A サンゴ　B 無機物　C 化成肥料　D 寒冷化　E 酸素　F 温暖化
G 石油　H 窒素　I 炭素　J バイオマス　K 二酸化炭素　L 光合成　M 有機物
N 石灰岩　O 発酵

4 プラスチックの過去・現在・未来【自然科学②】

● プラスチックを構成する元素

　プラスチックの話題に入る前にまずは簡単な化学の勉強から始めましょう。化学といえば、周期表ですよね。「水（H）平（He）リ（Li）ーべ（Be）僕（B）（C）の（N）（O）船（F）（Ne）、七（Na）曲が（Mg）（Al）りシッ（Si）プ（P）ス（S）クラー（Cl）（Ar）ク（K）か（Ca）」はおそらく「化学」を習ったことのある人なら、一度は聞いたことのある語呂合わせではないでしょうか。この語呂合わせは周期表のごく前半で、実際にはもっと数多くの元素が載っています。自然界に存在する元素だけでも90個以上もあります。これを見るだけでも化学が本当に嫌になってしまいますよね。でも安心してください。この教科書でプラスチックを学ぶために必要な元素はたったの4つ。「炭素（C）」「水素（H）」「酸素（O）」「窒素（N）」これを知っていれば大抵は大丈夫です。そしてこの4つの元素を知らない人はいないでしょう。なぜならば、「H」は「水分子（H_2O）」を、「O」は「酸素分子（O_2）」、「N」は「窒素分子（N_2）」、「C」は「二酸化炭素分子（CO_2）」を構成する元素だからです。H_2O は水や氷河として、O_2、N_2、CO_2 は大気中の主要な成分として地球上に存在しています。地球上に存在する物質、特に生命体を構成する物質のほとんどはこの4つの元素の組み合わせで成り立っています。そしてこのような生命体を構成する物質のことを有機化合物と言います。例えば、私たちの体はタンパク質でできています。皮膚も臓器も髪の毛も全てタンパク質です。ではタンパク質は何からできているのでしょうか。それはアミノ酸です。アミノ酸の化学構造を考えてみましょう。アミノ酸は炭素原子を中心として、水素（H）、アミノ基（-NH_2）、カルボキシル基（-COOH）、そしてR（それぞれのアミノ酸で異なる側鎖）から構成される化合物です（図1）。R以外は20種類全ての必須アミノ酸で同じ構造を持っています。このことからも、生命体が炭素（C）、水素（H）、酸素（O）、窒素（N）から成り立っていることがわかるでしょう。

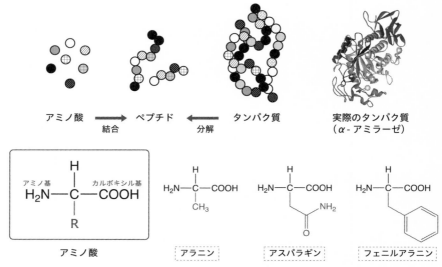

図1　アミノ酸とタンパク質（出典：筆者作成。α−アミラーゼの図：パブリックドメイン）

● プラスチックは炭素（C）の化学

　生命体を構成する化合物のことを有機化合物という、と前述しましたが、現在では炭素（C）を含む化合物のことを有機化合物と言います[1]。プラスチックもまた有機化合物の一種です。つまり、プラスチックは炭素（C）をメインとする化合物なのです。炭素（C）には最大で4つの原子と結合できるという性質があります（図1）。このような性質を「炭素は4本の手を持っている」と化学の授業では説明します。この手の数は各元素によって異なります。水素（H）は1本、酸素（O）は2本、窒素（N）は3本と決まっています。また、炭素（C）には炭素原子同士でどこまでも繋がることができるという性質があります。以上のような炭素（C）の性質から、プラスチックなどの合成高分子も含め、1億種類以上（実質ほぼ無限）もの有機化合物を形作ることが可能と考えられています。

● プラスチックは高分子化合物

　化学用語で「化合物」とは2種類以上の原子からなる物質のことを言います。これに対し1種類の原子からなる物質は単体と言います。つまり、二酸化炭素分子（CO_2）は化合物ですが、酸素分子（O_2）は単体になります。化合物は「おおよそ」の大きさで、低分子化合物と高分子化合物に分けられます。低分子化

有機化合物の表し方　通常、構造式②が用いられる。

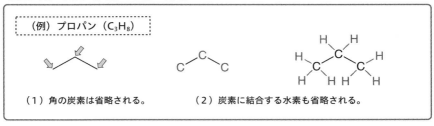

構造式②の見方（炭素と水素の省略）

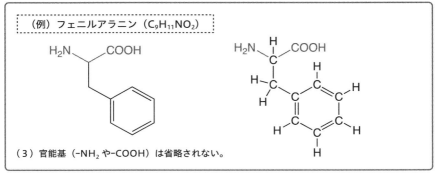

図2　化学構造式の見方（出典：筆者作成）

合物は原子が数個〜数百個つながり、分子量としては1000以下程度のもので
す。これに対して高分子化合物は原子が1000個以上つながり、分子量が
10000を超える程度のものになります。原子にはそれぞれの原子量が決まって
います。炭素（C）は12、水素（H）は1、酸素（O）は16、窒素（N）は14で
す。分子量とは原子量を足し合わせたものです。例えば二酸化炭素（CO_2）は、
炭素（C）が1個、酸素（O）が2個から構成されるので、（12×1）＋（16×
2）＝44と求めることができ、二酸化炭素（CO_2）の分子量は44となります。
そして化学構造式の書き方にはルールがあります。これからたくさんの化学構
造式が出てくるので、化学構造式の見方はここでぜひ覚えておいてください
（図2）。

1　天然高分子と合成高分子

　高分子化合物は、自然界に存在する天然高分子と、人間の手によって生み出
された合成高分子の2つに分けられます。天然高分子は、タンパク質やDNA、
植物成分であるアミロース（でんぷん）やセルロース（食物繊維・綿）、そして
天然ゴムなどが挙げられます。そして合成高分子に相当するのが合成樹脂、合
成繊維などのプラスチックです。ちなみに高分子化合物以外のものは大抵が低
分子化合物です。二酸化炭素（CO_2）、水（H_2O）、砂糖（$C_{12}H_{22}O_{11}$）、塩（NaCl）
などが挙げられます。

　図3のように高分子化合物は同じユニット（低分子化合物）がいくつも繰り
返された構造をしています。例えばご飯に含まれるアミロースはαーグルコー
ス（$C_6H_{12}O_6$）が多数連結した高分子化合物です。私たちの唾液にはアミラー
ゼという酵素が含まれており、アミラーゼによりアミロースをグルコースの単
位にまで分解して、栄養（糖質）として利用しています。合成高分子の例で言
うと、ポリエチレンはエチレン分子（C_2H_4）がいくつも連結した構造をとって
います。そしてもっと詳細にその構造を見てみると、天然高分子も合成高分子
もどちらも炭素（C）同士がたくさんつながっているのがわかると思います。
炭素（C）には炭素同士でどこまでもつながっていける性質があると説明しま
した。この性質により、炭素（C）が様々な高分子化合物を構成することを可
能にしています。

天然高分子

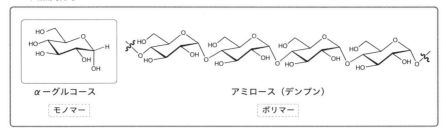

α－グルコース   アミロース（デンプン）

モノマー   ポリマー

合成高分子

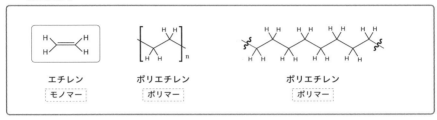

エチレン   ポリエチレン   ポリエチレン

モノマー   ポリマー   ポリマー

図3　天然高分子と合成高分子（出典：筆者作成）

2　ポリマーとモノマー

　高分子化合物のことを化学用語で「ポリマー」と言います。そして、ポリマーを構成する1つのユニットのことを「モノマー」と言います。α－グルコース（$C_6H_{12}O_6$）はアミロースの、エチレン分子（C_2H_4）はポリエチレンのモノマーです。「ポリ（poly）」はたくさんの、「モノ（mono）」はひとつの、という意味のギリシャ語で、「マー（mer）」はユニットを意味しています。つまり、プラスチックは合成ポリマーということになります。ポリ袋、ポリバケツ等の「ポリ」はおそらくこれに由来しているのでしょう。そしてポリマーを化学式で表す場合「n」を用います。ポリエチレンは（C_2H_4）がn個連結しているので、（C_2H_4）$_n$です（図3）。ポリマーはモノマーの時とはその性質も異なります。ポリエチレン（C_2H_4）$_n$はレジ袋などに用いられる合成ポリマーですが、そのモノマーであるエチレン分子（C_2H_4）は気体です。つまり、ポリマーであることがプラスチックをプラスチックたらしめているのです。また、モノマーに用いる化合物を変えたり、組み合わせたりすることによって、さまざまな化学的・物理的特徴を持つプラスチックを作り出すことが可能になっています。

● プラスチックの分類

　プラスチックは熱可塑性プラスチックと熱硬化性プラスチックの大きく２つ
に分類されます。

1　熱可塑性プラスチック

　熱可塑性プラスチックは加熱すると軟化し、冷却すると固化し可塑性を示め
します。化学辞典によると、可塑性（plasticity）とは、「固体が外力により変形
し元に戻らなくなる性質」と書かれています。つまり熱可塑性プラスチックと
は、常温では可塑性を示さないが、加熱により可塑性を持つプラスチックのこ
とです。加熱（外力）により液化（変形）させたものを型に入れて冷却・固化
し成形します。加熱→軟化、冷却→固化は可逆的で、何度でも繰り返すことが
可能です。そのため、一度成形したものでも、加熱すればまた液化し、別の形
に成形することが可能です。このような特徴から、熱可塑性プラスチックは
チョコレートに例えられます。

2　熱硬化性プラスチック

　熱硬化性プラスチックは、クッキーに例えられます。クッキー生地は一度焼
いてしまうと、もう元の生地の状態に戻すことはできません。とはいえ、クッ
キーも焼き続ければ焦げてしまうように、熱硬化性プラスチックも加熱し過ぎ
れば燃えてしまいます。また、チョコレートと比較するとクッキーはザクザク
と硬い食感も特徴です。熱硬化性プラスチックも同様で、熱可塑性プラスチッ
クと比較すると頑丈であり、その特徴から、コンセントやスマートフォン、車

熱可塑性　　　　　　　　熱硬化性

図4　熱可塑性プラスチックと熱硬化性プラスチックの構造比較（模式図）（出典：筆者作成）

など、高温条件下で使用される製品に用いられます。身近では100均などでよく見かけるメラミン食器（メラミン樹脂）です。ちなみに一般的に樹脂とプラスチックはほぼ同義ですが、定義的には「樹脂」は原料で、プラスチックは成形品を指すとされています。「樹脂」という名前は松脂に似ていたからと言われています。同じ樹脂状の素材、例えばアクリル板とメラミン食器を見た目や硬さで、熱可塑性なのか、熱硬化性なのか、を判断するのは難しいでしょう。ですが、分子構造まで観察してみると、その違いは一目瞭然です。熱可塑性プラスチックは1本ずつの紐を並べたような二次元構造になっていますが、熱硬化性プラスチックの方は、網目状の三次元構造になっています。並べた紐の配置を動かすのは簡単ですが、網目状になっている紐の配置を動かすのは難しいでしょう。同様に、熱硬化性プラスチックは分子の配置が網目状になっていることにより、熱を加えても分子を動かすのが難しいのです（図4）。このように、一度型に入れて加熱し硬化させた製品を加熱しても、再度液化することはありません。そのため、熱可塑性プラスチックに比べるとリサイクルの方法は制限されます。

3 熱可塑性プラスチックの分類

　ここからは熱可塑性プラスチックについてもう少し詳しく見ていきましょう。熱可塑性プラスチックはさらに合成繊維、汎用樹脂、エンプラ（エンジニアリングプラスチック、または工業用高分子）の3つに分類することができます。合成繊維はその名の通り、衣料品等に用いられる繊維で、ナイロン（ポリアミド）やPET（ポリエステル）、アクリル繊維（ポリアクリロニトリル）などが挙げられます。汎用樹脂は熱可塑性プラスチックの中でも安価で全体の約75%を占め、レジ袋（ポリエチレン）、食品の包装（ポリスチレン）、バケツ（ポリプロピレン）等、日常生活で見られるプラスチックのほとんどがこれに当たります。これに対し、エンプラは耐薬品性や耐熱性、耐摩耗性等の化学的・物理的に優れた機能を有するため汎用樹脂と比較すると高価で、工業現場で用いられることが多いプラスチックです。PET（ポリエステル）やナイロン（ポリアミド）などが挙げられます。図5の化学構造式を見てもらうと一目瞭然ですが、エンプラにはその構造中に酸素（O）や窒素（N）などの、炭素（C）、水素（H）以

汎用樹脂

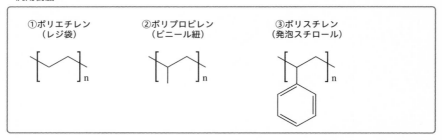

①ポリエチレン
（レジ袋）

②ポリプロピレン
（ビニール紐）

③ポリスチレン
（発泡スチロール）

合成繊維・エンジニアリングプラスチック

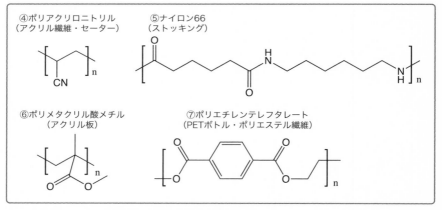

④ポリアクリロニトリル
（アクリル繊維・セーター）

⑤ナイロン66
（ストッキング）

⑥ポリメタクリル酸メチル
（アクリル板）

⑦ポリエチレンテレフタレート
（PETボトル・ポリエステル繊維）

図5　プラスチックの化学構造と利用例（出典：筆者作成）

外の元素が含まれることも特徴です。

　ここでポリエステル、ナイロンが2回登場していることが気になった人もいるかもしれません。実はPETボトルも衣料品のポリエステルもどちらも同じポリエチレンテレフタレートから作られています。PETボトルが衣料品にリサイクルされる例はご存知だと思いますが、これは熱可塑性プラスチックであるPETボトルを加熱、液状化し、繊維へと再製品化しているのです。このようにプラスチックは成形方法を変えれば樹脂状にも繊維状にも加工でき、また熱可塑性プラスチックは熱硬化性プラスチックと比較するとその特性から再利用しやすいと言えます。

コラム

プラスチックの歴史

　1番最初に作られたプラスチックはセルロイドと呼ばれる熱可塑性プラスチックで、アメリカのハイアット（John Wesley Hyatt）により1868年に発明されました。今でこそ大きな環境問題となっているプラスチックですが、ハイアットによりセルロイドが開発された当初は象牙を目的とした象の乱獲を防ぐため、つまり環境を守るために開発されたものでした。当時アメリカではビリヤードが大流行しており、その玉は象牙から作られていました。ビリヤードの玉は象1頭（象牙2本）からたったの6個しかとれず、これでは象が何頭いても足りません。このような状況から、天然資源である象牙に代替する新しい素材の開発が望まれたのです。これには10,000ドルの報奨金がかけられていたと言われています。

　結果として、跳ね具合がイマイチだったようで、セルロイドはビリヤードの玉には採用されませんでした。しかしながら、透明で、光沢があり美しく、軽くて水洗いができ、90℃に加熱すれば柔らかくなり（熱可塑性）、これを型に入れ冷却することで様々な形状の製品を大量に作ることができたため、幅広い用途に利用されていきました。ナイフやブラシの柄、万年筆、ピアノの鍵盤の他に、写真やフィルムも作ることができたため、セルロイドの発明により映画の制作までもが可能になりました。プラスチックの出現によって、それまでは木材や金属などの天然資源から作られていた生活用品、文具、工芸品、玩具、食器など、ありとあらゆるものが、丈夫で軽くて安価に大量生産することのできるプラスチック製品に置き換わっていったのです。

　このようにプラスチックは象牙の代替品として環境保護の観点から開発され、その利便性から様々な新しいプラスチックが次々に生み出されました。第二次世界大戦への需要、現在では生活の利便性への需要へと、その目的は当初から大きく変化し、生産・消費は爆発的に増加していきました。そしてこのことが現在では深刻な環境問題を引き起こしています。このように「科学」や「技術」は発見、開発された段階ではそれがもたらす結果を予測することは非常に困難です。つまり、これを読んでいる皆さんを含め、私たち一人一人が「科学」を知り、正しく利用していく意識が必要と言えるでしょう。

● プラスチックによる環境問題

　「土へ還る」という言葉がありますが、古代人にとって死者を土に還すということは、遺体や遺骨を土に保存するのではなく、それらが土になる。つまり、

自然そのものに還ることを意味していたそうです。地球上のありとあらゆる場所でその地域に特有の消費者（動物）、生産者（植物）、分解者（微生物）からなる生態ピラミッドが成り立っているわけですが、どの地位にいる生物も死ぬと最終的には分解者に分解されて土に還ります。これを化学的に見てみると、生命体を構成するアミノ酸（炭素 C、酸素 O、窒素 N、水素 H を含む）が最終的に二酸化炭素分子（CO_2）、水（H_2O）分子、窒素（N_2）分子の分子レベルにまで分解されるということです。ここで生じた二酸化炭素（CO_2）や窒素（N_2）は生産者である植物や植物プランクトンの光合成によって消費され、彼らもまた死ぬと同様に土に還り、地球上のどの元素も相互に循環し、速度の差はあれ、長い目で見ればその収支は一定の割合に保たれてきました[2]。

　プラスチックが大きな問題になっている理由は、それが人間によって生み出された、これまでの地球上の歴史に存在し得なかった新たな物質だからです。本来、石油という形で存在していた炭素原子がプラスチックに加工され、これが自然界で分解されるには莫大な時間がかかると言われています。ほぼ分解しないと言っても過言ではないでしょう。それぞれの生物は長い地球の歴史の中で、必要な栄養を分解・吸収できるよう進化してきました。例えば、食物繊維は私たちにとってはゼロカロリーですが、草食動物にとっては重要な糖質源です。彼らは消化器官にセルロース（食物繊維）の β -1,4- グルコシド結合を切断できる微生物を共生させることで、他の動物が糖質源として利用できないセルロースを分解しグルコースにし、人間が米や麦（アミロース）から糖質（グルコース）を摂取するのと同様に糖質源として利用しています。これに対してプラスチックは元々地球上になかった高分子化合物であり、その構造中に含まれる化学結合は分解される対象ではなかったのです。

　従ってプラスチックを処分するには基本的には焼却処分となり、これが地球温暖化につながってしまうのです。なぜプラスチックを燃やすと温暖化してしまうのでしょうか？　ここまででプラスチックについて、その分子の成り立ちから見てきた皆さんにはもうお分かりでしょう。プラスチックは炭素（C）の塊です。これを燃やすと大気中の酸素分子（O_2）と反応し、酸化され、二酸化炭素（CO_2）になります。つまり温室効果ガス（CO_2）が多量に排出されてしまうのです。プラスチックは石油を原料として合成されます。原油の中には様々

な炭素数の炭化水素[3] が含まれています。これを蒸留でLPガス、ナフサ（ガソリン）、灯油、重油など、沸点の違いによって分けて利用しています。ナフサは粗製ガソリンとも呼ばれ、おおよそ炭素数8〜10個からなる炭化水素です。プラスチックのほとんどはこのナフサを原料として作られています。火力発電や、ガソリン車の利用による二酸化炭素（CO_2）の放出が地球温暖化の要因となっていることを知らない人はいないでしょう。もちろんそれも正解ですが、石油を原料として合成されるプラスチックを焼却処分することもまた、二酸化炭素排出の観点から見れば、火力発電や、ガソリン車の利用となんら変わりません。さらに、リサイクル、焼却処分、埋め立て等の廃棄から漏れ出て環境中に放出されてしまったプラスチックは分解されず残存し続け、生態系を脅かします。海鳥やウミガメがプラスチックを誤食し餓死してしまう映像をみると心が締めつけられますよね。

● マイクロプラスチック

マイクロプラスチックという言葉を知らない人はいないでしょう。ここ数年であらゆる媒体で頻繁に目にするようになりました。マイクロプラスチックの定義としては5mm以下のプラスチックのことですが、実際にはもっと小さなもの、それこそマイクロメートル（mmの1/1000）、ナノメートル（mmの1/1000000）レベルのものもあります。環境中に放出されたプラスチックは紫外線や気温差などで劣化・摩耗し、この破片が環境中を漂う中でどんどん侵食されより小さな断片になっていきます。このような小さなプラスチック断片をプランクトンが誤食し、小魚がそのプランクトンを食べ、その小魚をさらに大きな魚が食べ、それを次は誰が食べるのでしょう……、私たち人間です。プラスチックによる環境汚染が深刻であることは誰しもが頭では理解していると思います。でもどこか、遠いところの、自分には無縁な話だと思っていたのではないでしょうか。実際には私たち自身もプラスチックに大いに汚染されているのです。しかも、食物連鎖を経て濃縮されているために、他の動物に比べより多くのプラスチックを摂取していることも考えられます。

ナノプラスチックが私たち人間の細胞から検出されたという報告もあります。

もちろん、取り込まれたプラスチックは理論上、生体内で分解されることはなく蓄積し続けます。これまでに人体に取り込まれたプラスチック断片が与える影響として発ガン性、肥満、内分泌系障害、糖尿病などが報告されています。しかしながら、プラスチックの利用が日常になったのは戦後のことであり、その歴史は人体への影響を検討するのにはまだ浅く、摂取による健康被害が実際どの程度のものなのか定かではありません。癌で亡くなった人がいたとして、それがマイクロプラスチックの影響かどうかは言い切れないでしょう。プラスチックによる環境汚染は他人事ではないのです。

● バイオプラスチック

　プラスチックによる環境問題、想像していた以上に深刻だと思いませんか。そうは言っても、実際問題、プラスチックを現代社会から排除するのは不可能でしょう。ではどうすれば良いのでしょうか？　そこで考え出されたのがバイオプラスチックです。バイオプラスチックというのは環境に優しいプラスチックの総称で、大きく分けて2種類のプラスチックからなります[4]。1つ目は、バイオマスプラスチックです。原料をサトウキビやトウモロコシに含まれるセルロース等のバイオマス由来にすることにより、仮に焼却処分したとしても二酸化炭素の収支は実質ゼロである、カーボンニュートラルの概念です。そして2つ目が生分解性プラスチックです。生分解性プラスチックは使用後、微生物によって、二酸化炭素分子（CO_2）と水分子（H_2O）にまで分解されるプラスチックのことです。つまり、仮に環境中に廃棄されたとしても理論上は土に還るということになります。前者は原料の問題、後者は機能の問題なので、同じバイオプラスチックといっても両者は全く異なる概念になります。

　こんな画期的なものがあるのであれば、なぜ普及させないのでしょうか。

1　バイオマスプラスチック

　バイマスプラスチックが現状あまり普及していない要因としてまずはコストが挙げられます。先日私はドラッグストアにゴミ袋を買いに行きました。石油由来のものは30枚入りで250円程度、一方で30%バイオマス由来のゴミ袋は

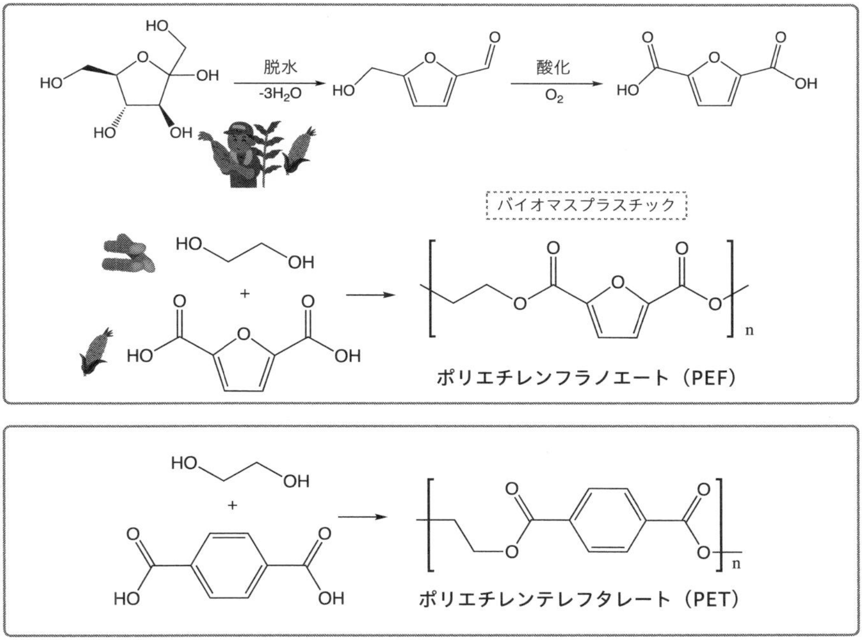

図6　PEF（ポリエチレンフラノエート）とPET（ポリエチレンテレフタレート）（出典：筆者作成）

同じ枚数で450円程度だったと記憶しています。皆さんはどちらを購入しますか？　ちなみに私はバイオマス由来のものを購入しましたが、商品の前でかなりの時間を費やしました。いくら環境に優しいとわかっていても、同じ機能でもっと安価なものがあれば多くの人はそちらを購入してしまうでしょう。つまり、今後のバイオマスプラスチックの課題として、まずコストを下げること、そしてコストがかかっても購買されるような高付加価値の製品を開発することの2つの観点が挙げられます。PEF（ポリエチレンフラノエート）はPET（ポリエチレンテレフタレート）（図6）に近い物性を持つバイオマスプラスチックですが、原料がバイオマスだからこそ合成できるプラスチックであり、かつ、PETよりも価格は高価であるものの、その高いガスバリア性・強度・透明性等の優れた物性から、炭酸飲料やビール瓶の代替として普及し始めています[5]。また、多くのバイオマスプラスチックは非可食バイオマス由来とされていますが、中には可食部由来のものもあります。人口増加により食料の確保が喫急の

課題となっている現在、高付加価値かつ非可食バイオマスを原料とするバイオプラスチックの開発も重要となるでしょう。日本では、2030年までにバイオマスプラスチックを200万トン導入（環境省）することを目標にしています。

2　生分解性プラスチック

　バイオマスプラスチックに対して生分解性プラスチックはその原料の由来は問いません。石油由来のものが多いですが、バイオマス由来のものもあります。生分解性プラスチックの代表としてポリ乳酸が挙げられますが、ポリ乳酸もバイオマス原料から合成され、かつ生分解するプラスチックの一つです。皆さんご存知の通り、乳酸は乳酸菌の発酵によって作られるヨーグルトの酸っぱい成分ですが、ポリ乳酸の原料もまた、バイオマス由来のグルコースから乳酸発酵により合成しています。ちなみに乳酸は私たち人間の代謝系にも存在しています。生分解性プラスチックは、生ゴミをコンポストに入れておけば微生物の働きにより堆肥ができるように、理論上は環境中に廃棄されても土に還る画期的なプラスチックです。しかしだからと言って無条件に生分解するわけではありません。英国プリマス大学で次のような実験が行われました。生分解性のレジ袋と普通のレジ袋を、3年間地中に埋めておいた場合と3年間水中に浸しておいた場合の2通りの変化を観察しました。結果はどうなったでしょうか？　結果、どちらの試験でも、どちらのレジ袋にも、形や強度に変化は見られませんでした。実験室においてある程度の生分解性を示したとしても、環境中で同様に分解するとは限りません。そもそも、すでに出来上がった地球の物質循環において、分解者によって分解される予定の物質量を大幅に超える量が放出されているのだから、キャパオーバーでしょう。また、逆に無条件に生分解性するのも困りものです。極端な話ではありますが、生分解するということは言わば腐るということです。したがってその最大の欠点は強度です。水に溶けやすい等、ある程度腐りやすさのある素材でないと、生分解しないからです。これでは利用用途が制限されてしまいますよね。使用時には普通のプラスチックと同様の機能を発揮し、廃棄時には分解されるような生分解性プラスチックの開発も今後の課題です。

● プラスチックの廃棄による環境問題とリサイクルの現状

　2020年における日本の廃プラスチックは822万トンですが、内86%はリサイクルされています。意外と多くリサイクルされていると思いませんか？　その数字だけを聞けば、世界的にみてもかなり優秀と言えるのではないでしょうか。しかしながら、その内訳は、マテリアルリサイクル（MR：mechanical recycling）が21%、ケミカルリサイクル（CR：chemical recycling）が3%、エネルギー回収（ER：energy recovery）が62%とそのほとんどがエネルギー回収です。エネルギー回収とは要は焼却処分です（全てではない）。プラスチックの燃焼で得られた熱エネルギーを回収し、発電などに再利用する、という日本では最もメジャーなプラスチックのリサイクル方法になっています。あまり「リサイクル」というイメージではないですよね。皆さんの想像するいわゆるリサイクルは、マテリアルリサイクルとケミカルリサイクルでしょう。マテリアルリサイクルとケミカルリサイクルの違いは化学構造で考えてみると簡単です。マテリアルリサイクルはポリマーをポリマーのまま再利用することで、ケミカルリサイクルはポリマーをモノマーの状態にまで戻し再資源化することです。ここからもう少し詳しく2つの違いを見ていきましょう。

1　マテリアルリサイクル

　マテリアルリサイクルとは、廃プラスチックを粉砕しペレットにするなどしてから同じ素材の新しいプラスチック製品に再製品化することです。その代表例はペットボトルです。2019年のペットボトル回収率は93%で、うち86%がリサイクルされています。言い換えればペットボトル以外はそんなにリサイクルされていないのが現状です。しかも、マテリアルリサイクル（21%）のうち7割は海外に輸出する（押し付ける）ことでマテリアルリサイクルとみなしています。残り3割が国内でのマテリアルリサイクルで、そのうちのほとんどがペットボトルなのです。ペットボトルはフタを除けば単一の素材で、比較的回転が速く（綺麗な状態で）、かつペットボトル単体で回収されることが高いリサイクル率につながっています。身の回りのプラスチック製品を見てみましょう。その多くは単一ではなく複数の素材から出来ていることがわかると思いま

す。洋服のタグを見てみてください。最近の衣料品は、綿、ポリエステル、レーヨン、ナイロン等の混紡であることがほとんどです。また、同じ素材でも様々な色の製品が存在しています。マテリアルリサイクルではなるべく単一の素材であることが重要です。さらに、たとえ同じ素材であっても色がバラバラのものを混ぜてしまったら綺麗な製品にはならないでしょう。

　プラスチックは安価で大量生産できる上に、丈夫で簡単には劣化しない、という特徴からこれまで様々な製品に利用されてきました。しかしながら、プラスチックも全く劣化しないわけではありません。紫外線や気温差、酸アルカリなどによってポリマー鎖が切断され炭素鎖が短くなってしまうと劣化してしまいます。例えば、洗濯バサミをずっと使っているといつの間にかボロボロになって折れてしまったりしますよね。これがプラスチックの劣化です。このように一部劣化してしまったプラスチックが混ざってしまうと、同じ素材といえども最初のグレードと同じ製品を作ることはできません[6]。したがって、マテリアルリサイクルのポイントとしては、いかに綺麗（汚れが少なく劣化していない）な状態で、ある程度の量が確保できて、プラスチックの種類が明確なものを、なるべく単一の状態で回収できるか、にかかっています。例えば衣料品売り場のハンガーやカバーは比較的綺麗な状態で廃棄に回ります。このような製品を上手く回収しマテリアルリサイクルに回す仕組み作りが重要でしょう。

2　ケミカルリサイクル

　ケミカルリサイクルには①原料・モノマー化、②高炉原料化、③コークス炉原料化、④ガス化、⑤油化が挙げられます。色々書いていますが、要は、廃プラスチックである高分子を、高熱を加えたり、触媒を利用したりするなどのさまざまな方法で、化学的に分解・低分子化し、新たな資源として再利用することです。つまり、マテリアルリサイクルと違ってケミカルリサイクルでは、廃プラスチックが必ずしもプラスチック製品に再利用されるわけではありません。エチレンやプロピレンなどのモノマーにする場合もあれば、水素（H_2）、アンモニア（NH_3）等に分解し、ガス化して原料として利用する場合もあります。このように、ケミカルリサイクルではポリマーを分解するために高温で加熱したり、触媒を用いて化学反応をさせたりと、リサイクルのために新たな熱エネ

ルギーの投入や化学反応、そして不純物を取り除く複雑な工程等、エネルギー収支、環境面、そしてコストの観点を考えると、現状そんなにエコではない、という意見もあります。しかしながらマテリアルリサイクルより優れている点は、多少劣化し、分子鎖が短くなったプラスチックであってもリサイクルできるところです。

　以上のことから、これからの循環型社会の創世における廃プラスチックのリサイクルにおいては、マテリアルリサイクル、ケミカルリサイクル、エネルギー回収をうまく組み合わせ、循環させるシステム作りが重要だと考えられます。廃プラスチックの中でも高品位でまとまった量が得られる場合はマテリアルリサイクルへ、中品位のものはケミカルリサイクルへ、それ以下の廃プラスチックや可燃ゴミはエネルギー回収に回し、放出された二酸化炭素はCCU[7]の技術を用い、有効利用することが理想であると考えられます。

注
1) 二酸化炭素（CO_2）、一酸化炭素（CO）などは例外。
2) 岩石や石油のように滞留時間の長いものもある。
3) 炭素（C）と水素（H）からなる化合物。
4) 両方の性質を持つものもある。
5) ガスバリア性とは、酸素や水蒸気などの気体の通しにくさ透過しにくさのこと。
6) 化学劣化が原因ではなく物理劣化の説もある。
7) Carbon capture and utilization：炭素の回収。

参考文献
［1］　一般社団法人日本エネルギー学会編（2023）『廃プラスチックの現在と未来：持続可能な社会におけるプラスチック資源循環』、コロナ社.
［2］　大木道則・大沢利昭・田中元治・千原秀昭編（1994）『化学辞典』、東京化学同人.
［3］　桑嶋幹・木原伸浩・工藤保広（2022）『図解入門よくわかる最新プラスチックの仕組みとはたらき：最新技術と持続可能社会への対応を学ぶ［第4版］』、秀和システム.
［4］　齋藤勝裕（2022）『今こそ「わかる」有機化学入門』、SBクリエイティブ.
［5］　佐々木健夫（2021）『ゼロからの最速理解　プラスチック材料科学』、コロナ社.
［6］　高野菊雄（2015）『トコトン優しいプラスチック材料の本』、日刊工業新聞社.
［7］　ナショナル ジオグラフィック編（2021）『脱プラスチック：データで見る課題と解決策（ナショナル ジオグラフィック別冊）』、日経ナショナル ジオグラフィック.
［8］　日本化学会編（2020）『持続可能社会をつくるバイオプラスチック：バイオマス材料と生分解性機能の実用化と普及へ向けて』、化学同人.
［9］　Andrew Forrest et al.（2019）Eliminating Plastic Pollution: How a Voluntary Contribution From Industry Will Drive the Circular Plastics Economy. Front. Mar. Sci., 25 September 2019, Sec. Global

60

Change and the Future Ocean, Volume 6.

［10］ Imogen E. Napper and Richard C. Thompson（2019）Environmental Deterioration of Biodegradable, Oxo-biodegradable, Compostable, and Conventional Plastic Carrier Bags in the Sea, Soil, and Open-Air Over a 3-Year Period. Environ. Sci. Technol. 53, 9, 4775-4783.

［11］ Melanie Bergman et al.（2022）Plastic pollution in the Arctic. Nat Rev Earth Environ 3, 323-337.

［12］ Rita Triebskorn et al.（2019）Relevance of nano- and microplastics for freshwater ecosystems: A critical review. TrAC Trends in Analytical Chemistry, Volume 110, 375-392.

レポート課題

問　バイオプラスチックの分類と、それぞれのメリット・デメリットを説明してください。

小テスト

問　次の各文章中の空欄①〜⑤に入る最も適切な語句を答えてください。

⑴　高分子化合物には【　①　】高分子と【　②　】高分子があり、前者にはプラスチックが、後者の例としては、【　③　】が多数連結したタンパク質があります。

⑵　プラスチックには大きく分けて【　④　】プラスチックと【　⑤　】プラスチックがあり、前者はさらに合成繊維、汎用樹脂、エンプラに分類することができます。

人類の窒素の獲得が生んだ環境問題

　男が鎖につながれています。空腹に耐えかねた彼は、目の前に垂れ下がる果実に手を伸ばします。すると、果実は逃げるかのようにすっと上がります。せめて喉の渇きを潤そうと目の前の泉に口を近づけると、水面はさっと遠ざかります。あきらめると、果実は下りてきて、水面は近づいてきます。もう憶えていないほど長い間、彼はこの罰を受けているのです。場面が替わります。立派な身なりの男は王でしょうか。周りには黄金の品々が溢れています。しかし、その顔は苦悶に満ちています。彼の隣には黄金の少女像が立っています。まるで生きているかのようです。それもそのはず。つい先ほどまで彼の娘だったのですから。彼は手に触れるものを黄金に変える力を授かったのです。前者はタンタロス、後者はミダスの苦しみとして知られる神話です。もちろん架空の話ですが、神話とは相応の寓意を持つものです。いずれも人類と窒素の関係に符号するのです。このことを少しお話しいたしましょう。

　窒素は、地球の地質中では30番目ぐらいと目立ちませんけれど、大気では最も多い物質です。窒素原子が2個結合した窒素ガス（N_2）が大気の78%を占めています。窒素はタンパク質やDNAの形成に欠かせない元素ですが、大部分の生物は大量に存在する安定なN_2を直接に利用できず、反応性窒素（N_2以外の窒素化合物の総称）を必要とします。一部の微生物だけがN_2からアンモニア（NH_3）を合成できます。植物は根から反応性窒素を吸収して育ちます。動物は他の生物や元は生物だった有機物を食べて反応性窒素を取り入れます。私たちも、飲食物を通じてタンパク質の形で反応性窒素を摂取して生きています。

　元素としての窒素の発見は18世紀後半のことですが、人類はそれよりも遥かに昔から反応性窒素を利用してきました。微生物の生物学的窒素固定は農地を肥やし、排せつ物などの有機物に含まれる反応性窒素は有機肥料になります。また、現代の人類は反応性窒素を工業原料にも利用しています。例えば、ナイロンやウレタンといった合成樹脂です。さらに、硝石（硝酸カリウム）、ニトログリセリン、TNT（トリニトロトルエン）などは火薬や爆薬になり、人類の戦争をより破壊的にしてきました。ダイナマイトは、不安定で暴発しやすいニトログリセリンを珪藻土に染み込ませ、筒に収めて導火線を付け、安全に使える爆発物として発明されたものです。発明者のノーベルは、ダイナマイトの戦争利用を悔やみ、彼の遺言からノーベル賞が創設されまし

た。この経緯のため、平和賞が最も重みのある賞とされるのです。ノーベル賞は、窒素を手に入れた人類のモニュメントとも言えましょう。

　人類史の始まりより、幾度かの危機を挟みつつも、世界人口は増加していきました。人口が増えればそれだけ多くの食料が必要になります。限られた農地から多くの食料を得るには窒素肥料が必要です。19世紀末の欧州では、このままでは食料生産が頭打ちになり、世界規模の飢餓が起こると懸念されていました。当時の欧州では、グアノ（鳥糞石）やチリ硝石（硝酸ナトリウム）を採掘して肥料に用いていました。これらは石炭や石油と同じく枯渇性の資源であり、グアノは早々に掘り尽されました。N_2は周りにいくらでもあるのに、肥料となる反応性窒素が欠乏しそうだったのです。欲しいものが目の前にあるのに、どうしても手に入れられなかったタンタロスと同じ苦しみです。

　飢餓を回避する画期的なアイデアが出されました。それが化学肥料、つまり、N_2から人工的に窒素肥料を合成することだったのです。20世紀はじめに反応性窒素の人工合成技術の開発競争が起こりました。数多くのドラマは端折りまして、ハーバー・ボッシュ法として知られるNH_3合成技術が確立し、1913年に商業生産が始まりました。二度の世界大戦を経て、緑の革命として知られる1950〜1960年代から同法によるNH_3製造が急速に伸び、化学肥料の消費量が世界的に増加しました。現在の人工的窒素固定量（NH_3製造量）は、陸域生態系の生物学的窒素固定量を上回っています。品種・農薬・機械化という農業技術の発展と併せて、農作物の生産は大きく伸び続けています。余裕のある作物生産力は家畜飼料の生産にも振り向けられ、畜産物の生産も大きく伸び続けています。食料増産に支えられて、世界人口は2022年末に80億人を突破しました。人類は、その何百万年もの歴史において初めて、豊富な食料という黄金を手に入れたのです。

　うまい話には裏があるものです。人口増加はエネルギーや資源の要求量を比例的に増やします。経済発展はさらに一人あたりの要求量を増やします。その結果、一生物種にとっては莫大であったはずの地球環境の容量が今やひっ迫しています。豊富な食料は、飽食・肥満という新たな健康問題を生みました。その一方で、食の分配の不均衡がもたらす貧困は今なお解決していません。さらには、肥料や工業原料として利用する反応性窒素の大部分が反応性窒素のまま環境に漏れています。化石燃料の燃焼や廃棄物の焼却においても反応性窒素が発生します。環境に漏れた反応性窒素は、その化学種に応じて、地球温暖化、成層圏オゾン破壊、大気汚染、水質汚染、富栄養化、

人類の窒素の獲得が生んだ環境問題

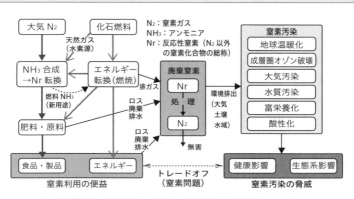

図　窒素問題：窒素利用の便益と窒素汚染の脅威のトレードオフ

酸性化といった多様な窒素汚染をもたらします。窒素利用の便益が窒素汚染の脅威を伴うこのトレードオフを「窒素問題」とよびます（図）。

　窒素問題は重要な課題のはずですが、なぜかあまり知られていません。1990年以前の地球温暖化問題と似た状況と思われます。つまり、大事な問題ながら、その認識を広めて深める情報提供が不十分なのです。窒素はあまねく地球環境問題に関わっていますが、他の原因物質の影響もあって窒素の関与が見えにくいこと、環境中の窒素の挙動がきわめて複雑で科学的にも未知が多く残っていることが、窒素問題の分かりにくさを助長しています。窒素の環境科学については拙編著『図説 窒素と環境の科学』（朝倉書店）をご参考ください。特に日本では、窒素汚染とは、窒素酸化物の大気汚染や硝酸性窒素の水質汚染のように、既に解決した公害と捉えられているかも知れません。日本が高度成長期の公害をよく克服したことは事実です。排ガスや排水の処理技術は世界トップの水準です。一方、日本は必要な食料・飼料・燃料・原料の多くを輸入に頼っています。これらの輸出国がその生産に伴う窒素汚染を肩代わりしているのです。もし、すべてを国産で賄おうとしたなら、自国における窒素汚染が悪化することは確実です。

　では、どうすればよいのでしょうか。まずは、食料・製品・エネルギーの生産・消費という私たちの暮らしが窒素問題と深く結びついていることを、多くの方々が自分ごととして知っていただくことが大切です。そこから「皆ごと」への展開が生まれます。窒素問題の緩和には3つの路線があります。1つは、生産・消費の窒素利用効率の向上です。もう1つは、環境に漏れようとする反応性窒素を無害なN_2に処理する

ことです。ただし、処理にもエネルギー・資源が必要なため、漏れようとする反応性窒素を減らすことが優先されます。最後の１つは、窒素利用効率がより高い食品への転換や過剰消費を抑えるなど、そもそもの要求量を抑えることです。これらは技術のみでは達成困難です。政策も必要ですし、個人と社会の行動変容も求められます。

　今の地球は将来世代からの借り物と言えます。現世代の意思決定や行動が未来に決定的な影響を及ぼします。私たちには、将来世代に人類種の存続というバトンを手渡す責任があります。それも将来世代をがっかりさせないように、持続可能な世界を添えるべきです。もしバトンを手渡せなかったなら、人類は輝かしい歴史を遺して滅ぶことになります。そのような事態になれば、おそらく他の多くの生物種も巻き添えを食うことでしょう。私たちは、黄金を生み出す手が災いをもたらしたミダスの苦悶を回避できるのでしょうか。持続可能で責任のある生産と消費という命題の実現に向けて、私たちの社会と叡智が試されているのです。　　　　　　　（林健太郎）

第2章

生物多様性

1　法と生物多様性【法学】

● 生物多様性とは

　近年、「生物多様性」といった言葉は社会に広く浸透しており、目にする機会も増えたと感じるかもしれませんが、具体的にどのような意味なのでしょうか。多くの人がまず想像する生物多様性の意味は、「地球上に多種多様な生き物が存在すること」でしょう。人間がいれば、ライオンのような肉食動物やキリンのような草食動物もいますし、魚や鳥、そして様々な草木もあります。このように、様々な生き物が存在することを「種間の多様性」といいます。

　種間の多様性に加えて、同じ種に属する個体やグループ間の多様性を「種内の多様性」といいます。人間の一人ひとりが異なる遺伝子と個性を持つように、あらゆる生き物は、同じ種に属する場合であっても、遺伝子レベルで見ていくと互いに異なる特徴を持っています。また、同じ生物でも生息地によって異なる特徴を持つ場合があるように、種内でグループに分けることができる場合もあります。

　さらには、生物は、一定の地域において互いに影響を与え合いながら一緒に暮らしています。このような様々な生物とその生活環境も含めた集合体を「生態系」といいます。ライオンはシマウマを食べ、シマウマは草を食べますが、このような食物連鎖の関係性に加え、ハチと花のような助け合う関係性もあり、さらに生き物と光、土、水などの環境との関係性もあります。このような、お互いに関係し合うシステム全体が生態系です。

　地球上には砂漠があれば熱帯雨林もあり、サバンナがあれば沼地もあります。このように様々な生態系が存在することを「生態系の多様性」といいます。

　生物多様性は、種間の多様性、種内の多様性および生態系の多様性の全てを含む概念であり、後述する生物多様性条約や生物多様性基本法においても、このような意味合いで用いられています。

● 生物多様性を守るべき理由

　生物が多様であることにはどのようなメリットがあるのでしょうか。

　人間は生態系や他の生き物からあらゆる恩恵を受けており、この恩恵を「生態系サービス」といいます。2000年代前半に国連によって行われたミレニアム生態系評価では、生態系サービスを次の4つの種類に分けた上で、生態系サービスが人間にもたらす利益が評価されました。

　まず、1つ目の生態系サービスは「供給サービス」です。私たちが日々口にする肉・魚・穀物などの動植物、飲料となる水、衣類の素材となる綿などの天然繊維、住む家の素材となる鉱物や木材、燃料となる薪や炭、薬や染料の原料は、いずれも自然由来です。こうした生活の必需品のみならず、工芸品や観葉植物など、私たちの生活を文化的により豊かにする物も、自然界で得た素材が元となっています。このように、生態系が私たちの生活を支える資源を提供してくれることを、生態系の「供給サービス」といいます。

　また、草木が二酸化炭素を吸収することで、地球温暖化が緩和されることからも明らかであるように、私たちにとって快適な環境は、生態系の存在によって維持されています。他にも、木が地面に根を張ることによって地滑りが防止されるなど、生態系の存在が防災・減災につながっていたり、生態系によって水が浄化されていたりなど、私たちの生活の基盤は様々な面で生態系によって整えられています。このような生態系がもたらす利益を、生態系の「調整サービス」といいます。

　このように、私たちは生態系の「供給サービス」と「調整サービス」に支えられながら生命維持活動を行っていますが、生命維持活動に加えて、私たちは芸術・宗教・スポーツ・学問など、様々な文化的な活動を行うことによって、より豊かな生活を送っています。たとえば風景画を描いたり、自然の絶景を堪能したり、山登りに出かけたりすることで得られる精神的な満足も、生態系から得られる恩恵の一つです。このような恩恵を、生態系の「文化的サービス」といいます。

　さらには、生態系の働きを維持するために必要な生態系の機能（土壌の形成など）を、生態系の「基盤サービス」といいます。

　このように、私たちの生命および文化的に豊かな生活は、生物が多様であることによって得られる4種類の生態系サービスによって支えられているのです。

● 生物多様性を脅かす4つの危機

　人間が把握している地球上の生物は約175万種あり、まだ発見されていない未確認生物も相当数存在すると考えられています。ところが今、地球上の多くの生物が絶滅の危機に瀕しています。国連自然保護連合（IUCN）が定期的に取りまとめている「絶滅のおそれのある野生生物種のリスト」（レッドリスト）によると、評価対象の約30%に相当する4万4000種以上の生物が絶滅危惧種とされています。

　生物の大量絶滅が危惧されているのは、人間が生物にもたらす4つの「危機」が原因であると考えられています。

　まず、1つ目の危機は「人間の活動・開発による危機」です。人間は生態系サービスを利用したり、人間にとって都合の悪い生き物を駆除したりするために、特定の生物を乱獲・過剰採集し、絶滅に追い込んでしまう場合があります。また、乱開発や環境汚染によって生息の場所を失い、絶滅する生物もいます。

　2つ目の危機は、「人間の活動が減ったことによる危機」です。日本の里山では、伝統的に人が田んぼを耕したり、木々の手入れをしたりしながら生活をしていました。こうした人間による生活の営みによって作り出されていた田んぼなどの環境で暮らす生き物は、人間が里山を離れたことで、里山で暮らしていくことが困難となり、人間の活動減少によってかえって悪影響を受けています。

　3つ目の危機は、「人間が持ち込んだことによる危機」です。生態系は、様々な生き物とそれらを取り巻く環境が有機的に一体となって、絶妙なバランスの中で成り立っていますが、そこに新たな生き物が持ち込まれると、絶妙なバランスが崩れ、生態系の健全性を脅かす場合があります。このように、人間が意図的に、あるいは誤って、ある地域に持ち込んだ、本来そこに生息しない生き物を「外来種（外来生物）」といいます。

　4つ目の危機は、気候変動・地球温暖化です。地球温暖化によって地球の平

均気温が上昇し、生態系が変化することで、生き物が生きづらくなっています。たとえば、地球温暖化の影響で海水の温度が上昇し、珊瑚の白化が進んでいます。また、人間の森林伐採によって、二酸化炭素を吸収する木が減って、気候変動が加速しています。このように、気候変動によって生物の多様性が損なわれ、また、生物の多様性が損なわれることによって更に気候変動が加速することとなるため、生物多様性と気候変動の問題は相互密接に関係しています。

　ある予想では、2050年までに人口は30億人増加し、経済の規模は4倍になるとされています。人口増加と経済発展によって、人間は更に生態系サービスに頼ることとなるため、4つの「危機」はより一層深刻なものとなり、生物多様性は更に衰退するおそれがあります。

　これまでの地球の歴史において、生物の大量絶滅は繰り返し起きてきました。生物が大量に絶滅した時期は過去に計5回あり、一番直近の時期である白亜紀では、恐竜が絶滅しました。そして現在、白亜紀以来の6回目の大量絶滅期が差し迫っている、あるいは既にその最中であると危惧されています。

　過去に5回も生物の大量絶滅が起きたのだから、今起きている可能性のある生物の大量絶滅も、自然の成り行きであって、異常な現象ではないようにも思えます。しかし、今起きている生物の大量絶滅は猛スピードで進行中であり、このスピードの速さが特に懸念されています。ある研究によれば、生物の絶滅率は、人類による影響がない場合と比べて100〜1000倍に達しているとされています。

　このように、人間が生態系サービスによる利益を享受し、生き続けるためには、人間がもたらす「危機」から生物の多様性を守る必要があります。

● 生物多様性保全の考え方

　生物多様性の保全については、いくつかの基本的な考え方が確立されています。

　1つ目の考え方は、「持続可能な利用」の考え方です。前述のとおり、私たちの生命や文化的に豊かな暮らしは、生態系サービスによって支えられています。私たちが生きていくためには、どうしても食料や素材などの自然界の資源

を利用しなければなりません。人間が資源を利用しても、自然界の生物や生態系は、繁殖や再生を通して回復することができるため、すぐに枯渇することはありません。しかし、乱獲や過剰採集が横行すると、生物や生態系の再生する能力の限界を超えてしまい、生物の絶滅や生態系の崩壊につながるおそれがあります。地球上の資源は有限であることから、私たちは、生物や生態系の再生能力の限界を超えないよう、慎重に資源を利用しなければなりません。このような利用のあり方を、持続可能な利用といいます。

　持続可能な利用の考え方は、後述するリオ・サミットで採択された、27の原則からなる「環境と開発に関するリオ宣言」（リオ宣言）にも現れています。リオ宣言の第1原則は「人類は、持続可能な開発への関心の中心にある。人類は、自然と調和しつつ健康で生産的な生活を送る資格を有する。」という内容であり、持続可能な利用の考え方を宣言しています。

　2つ目の考え方は、「予防原則」の考え方です。原則として、法律などのルールを制定する際、それを制定すべき理由が客観的に明らかでなければなりません。なぜなら、ルールは人の生活に影響を及ぼし、権利や活動を制限する場合もあるため、こうした制限を正当化し得る十分な理由が必要だからです。ところが、科学的に複雑な事象については、ルールを制定すべき理由を細かい部分も含めて完全に説明することは困難な場合があります。細かい部分は分からないとしても、少なくとも放置すると大きな問題に発展しかねないことは分かっている状況があったときに、科学の進歩によって細部も含めて解明が完全にできるまで、ルールの制定などによる対応を待ってしまうと、実際に大きな問題へと発展してしまう可能性があります。特に、大きな問題へと発展すると、もはや治癒することのできないおそれのある場合は、科学的な解明が可能となった頃には、「時すでに遅し」の可能性があります。

　生態系は生物とそれらを取り巻く環境が有機的に一体となり、絶妙なバランスの中で成り立っていることは前述のとおりです。生物に変化があれば、生態系全体のバランスに変化を与えるおそれがあります。たとえば、シマウマが突然絶滅したと仮定します。サバンナでシマウマを食べて生きていたライオンなどの肉食動物は、餌が減って打撃を受ける可能性があります。また、シマウマが食べていた草が大繁殖することで、地表付近で暮らしている小動物の生活が

脅かされる可能性があります。このように、シマウマの絶滅は、サバンナの生態系全体に影響を及ぼす可能性があります。他方で、シマウマが絶滅したとしても、ライオンは他の動物を食べることで大きな打撃を受けずに済む可能性もありますし、生態系にどのような影響が実際に及ぶかは分かりません。

　このように、ある生物の絶滅が生態系全体に対して及ぼす影響を具体的に解明することは難しいといえます。しかし、解明が難しいからといって、何ら対応をせずに待ってしまうと、実際にシマウマが絶滅してしまい、生態系に不可逆的な悪影響が及んでしまうかもしれません。

　このように、ある事象について科学的な解明が十分でない場合であっても、対策をとらなければ深刻な、あるいは不可逆的な損害が生ずるおそれがある場合は、科学的な不確実性を理由に対策を延期してはならず、予防的観点から対応をしなければならないというのが、予防原則の考え方です。

　持続可能な利用の考え方も、予防原則も、人間が生き延びるためにはどのようにすべきか、といった問題意識から生まれる考え方です。つまり、人間が生き延びるべきといった価値観が前提にあるからこそ、資源が枯渇することのないよう、慎重に利用すべきといった考えや、深刻な、あるいは不可逆的な損害が生ずる可能性を最小限に抑えようといった考え方が生まれます。しかし、もし人間の活動が生物の多様性を脅かし、他の生物に悪影響を及ぼしているのであれば、そもそも人間の存在が問題なのであって、突き詰めれば、本当は人間のいない世界を目指すべき、とも考えられます。

　このような価値観もあり得る中で、少なくとも法律や条約は、人間と自然が共存しあう世界を目指しています。たとえば生物多様性基本法では、前文において、「人類は、生物の多様性のもたらす恵沢を享受することにより生存しており、生物の多様性は人類の存続の基盤となっている。また、生物の多様性は、地域における固有の財産として地域独自の文化の多様性をも支えている。」とあり、また「我らは、人類共通の財産である生物の多様性を確保し、そのもたらす恵沢を将来にわたり享受できるよう、次の世代に引き継いでいく責務を有する。」とあります。このような価値観を、「人間中心主義」といいます。

　３つ目の考え方は、「衡平」の考え方です。環境に関係する法律においては、「公平」と「衡平」の２つの「こうへい」が多く登場しますが、どのように違

うのでしょうか。「公平」（equality）は、同じように扱うことを意味するのに対して、「衡平」（equity）は、それぞれの違いを前提に、異なる扱いをすることを意味します。

　たとえば、背の高い人と背の低い人が塀の前に立っていて、塀の向こう側を見ることができるよう、踏み台を渡すこととしたとします。同じ高さの踏み台を渡した場合、「公平」の考え方に則って同じように扱っているといえます。しかし、もし背の低い人だけが、踏み台の高さが足りず、塀の向こう側を見ることができなかったとしたら、正義に反すると感じる人もいるでしょう。そこで、背の高い人には低い踏み台を、背の低い人には高い踏み台を渡すことで、どちらも同じように塀の向こう側を見ることができるよう調整することが考えられます。このように、元々存在する違いを踏まえて、異なる扱いによって本当の平等を実現しようとするのが、衡平の考え方です。

● 生物多様性条約などの国際的な枠組み

　生物の多様性を保全するための条約や国際的な法的枠組みとして、どのようなものが存在するのでしょうか。

　生物多様性の保全を目的とした法的枠組みとして、最初に制定されたのは、ラムサール条約や、ワシントン条約などです。

　「特に水鳥の生息地として国際的に重要な湿地に関する条約」（ラムサール条約）は、湿地が生物の多様性にとって特に重要な地域であるため、埋立てや開発から守る必要があること、また湿地は国境をまたぐ場合があり、水鳥の多くは国境をまたいで渡ることから、国内法ではなく、国際的な枠組みによる対応が必要とされたことを背景に、1971年にイランのラムサールで採択されました。

　また、「絶滅のおそれのある野生動植物の種の国際取引に関する条約」（ワシントン条約）は、希少種の国際取引を規制し、野生生物の乱獲・密猟を防止することを目的として、1973年にアメリカのワシントンD.C.で採択されました。

　このように、湿地の保全や希少種の保護など、個々の分野における条約の制定が進みましたが、地球全体の生態系を保全する観点から、より包括的な条約の必要性が認識されるようになりました。そこで、1992年にブラジルのリオ

デジャネイロで開催された「環境と開発に関する国際会議」（通称「リオ・サミット」または「地球サミット」）において、生物多様性条約が採択されました。生物多様性条約は、リオ・サミットで共に採択された気候変動枠組条約とあわせて「双子の条約」と呼ばれることがあります。

　生物多様性条約の目的は、①生物の多様性の保全、②生物多様性の構成要素の持続可能な利用および③遺伝資源の利用から生ずる利益の公正かつ衡平な配分です。

　このうち②は、持続可能な利用の考え方の現れです。

　また、③は、「遺伝資源の取得の機会とその利用から生ずる利益の公正かつ衡平な配分」の考え方が前提となっていますが、この考え方は、生物多様性について考えるに当たって重要な視点です。英語では「Access to genetic resources and Benefit Sharing」と記載されることから、「ABS」と略されることがあります。

　「遺伝資源」とは、植物、動物、微生物などのうち、現実の、あるいは潜在的な価値を有する素材をいい、医薬品や食料品などのもととなる資源などを含みます。遺伝資源は、自然豊かな途上国に存在することが多い一方で、遺伝資源を活用して医薬品や食料品などを開発する技術は、先進国にあることが多いといえます。先進国は、途上国にある遺伝資源がほしいと考えるでしょうし、途上国は、遺伝資源を活用する技術がほしいと考えるでしょう。そこで、遺伝資源を取得する機会や、遺伝資源を利用して得られる利益をどのように各国間で分配すべきかといった課題が生じます。

　遺伝資源が豊富な途上国は、遺伝資源は原産国（自国）の財産であると主張するでしょう。他方、遺伝資源を活用したいと考える先進国は、遺伝資源は世界全体の共有財産であると主張するでしょう。この点、生物多様性条約においては、遺伝資源を取得する機会について定める権限は、当該資源の原産国が持つとされています。これに加えて、原産国は、他の国が遺伝資源を容易に取得することができるよう、条件を整えるよう努めることも必要であるとされています。さらには、遺伝資源を利用することにより得られる利益は、遺伝資源の原産国と当該資源を利用する国（利用国）との間で公平かつ衡平に分配することが必要とされています。

　2010年10月に愛知県名古屋市で開催された生物多様性条約第10回締約国会議（COP10）においては、ABSを着実に実施するため、「生物の多様性に関する条約の遺伝資源の取得の機会及びその利用から生ずる利益の公正かつ衡平な分配に関する名古屋議定書」（名古屋議定書）が採択されました。名古屋議定書では、原産国の事前の同意と、原産国と利用国が合意した条件（契約）に基づき、利用国は遺伝資源の提供を受け、原産国は利用国が遺伝資源を用いた開発などから得た利益の分配を受けることができるよう、ルールの整備を締約国に求めることで、ABSの実効性を担保しています。また、名古屋議定書では、利用国が利用する遺伝資源は、原産国の法令を遵守して取得されるよう、利用国においてルールを整備することも求められています。

　COP10では、名古屋議定書のほか、2050年までの中長期的な世界目標（ビジョン）とこれを実現するための短期目標（ミッション）などを内容とする「生物多様性戦略計画2011–2020」（愛知目標）が採択されました。また、2022年に開催されたCOP15では、愛知目標の後継目標として「昆明・モントリオール生物多様性枠組」が採択されました。この枠組においては、2050年までのビジョンとして、愛知目標と同じ「自然と共存する世界」が掲げられ、2030年までのミッションとして、「生物多様性を保全し、持続可能に利用し、遺伝資源の利用から生ずる利益の公正かつ衡平な配分を確保しつつ、必要な実施手段を提供することにより、生物多様性の損失を止め、反転させ、回復軌道に乗せるための緊急の行動をとる」ことが掲げられました（生物多様性の損失を止め、回復軌道に乗せることを「ネイチャーポジティブ」と呼ぶことがあります）。加えて、より具体的な2050年までの世界目標と、「30 by 30目標」（2030年までに陸と海の30％を保護地域とする目標）などが含まれる、2030年までのグローバルターゲットも定められました。

　さらに、コロンビアのカルタヘナで開催された生物多様性条約特別締約国会議での議論を経て、2000年には、「生物の多様性に関する条約のバイオセーフティに関するカルタヘナ議定書」（カルタヘナ議定書）が採択されました。カルタヘナ議定書では、遺伝子組替え生物などが生物の多様性の保全と持続可能な利用に及ぼす可能性のある悪影響を防止するための措置などが定められています。

● 生物多様性基本法などの国内法の枠組み

ここまで、生物の多様性を保全するための条約や国際的な法的枠組みについてみてきましたが、今度は、日本における法的枠組みをみていきましょう。

かつて日本では、自然保護に関する法規制がなかったことから、山林伐採や海浜の埋立てが進みました。乱開発や乱獲により多くの動植物が失われたことから、乱獲などを規制する必要性が認識されるようになり、1895年に制定された狩猟法を初めとした、自然保護を目的とする法律が次々に制定されました。

しかし、いずれも森林や公園などの分野ごとに定められた各論的な法律であり、生物多様性の保全に関する包括的な法律は存在しませんでした。

そのような中、1992年に生物多様性条約が採択されました。締約国となった日本は、生物多様性条約の定めに従って、日本における「生物多様性国家戦略」を策定することとなりました。しかし、この国家戦略は条約に基づくものであり、根拠となる日本の法律がなかったため、そのインパクトには限界があると指摘されていました。そこで、生物多様性に関する包括的な日本の法律の必要性が認識され、2008年に生物多様性基本法が制定されました。

生物多様性基本法には3つの特徴があります。

1つ目の特徴は、生物多様性に関する「基本法」であるということです。「基本法」とは、ある分野における国の政策の基本的方向性を示した法律です。実際に、生物多様性基本法においては、後述のとおり、生物多様性に関する国の政策における基本原則を5つ定めています。

ちなみに、生物多様性基本法は、「生物多様性」に関する基本法ですが、更に上位の法律として、環境基本法があります。環境基本法は、生物多様性を含む環境の分野全般の基本法であるといえます。環境基本法が生物多様性基本法の上位法であることは、生物多様性基本法第1条に「この法律は、環境基本法……の基本理念にのっとり……」とあることからも明らかであるといえます。

2つ目の特徴は、生物多様性基本法には「前文」があることです。前文とは、その法律の基本的な考え方を説明する冒頭の宣言です。条約などの国際的な法的枠組みには前文が設けられることがある一方で、日本の法律に前文があることは珍しいといえます。

　生物多様性基本法の前文（抜粋）は以下のとおりです。

　「……我らは、人類共通の財産である生物の多様性を確保し、そのもたらす恵沢を将来にわたり享受できるよう、次の世代に引き継いでいく責務を有する。今こそ、生物の多様性を確保するための施策を包括的に推進し、生物の多様性への影響を回避し又は最小としつつ、その恵沢を将来にわたり享受できる持続可能な社会の実現に向けた新たな一歩を踏み出さなければならない。……」

　3つ目の特徴は、生物多様性の保全に関する5つの基本原則を定めていることです。
　1つ目の基本原則は、健全で恵み豊かな自然の維持が生物の多様性の保全に欠くことのできないものであることにかんがみ、種の保存を図るとともに、多様な自然環境も保全されることです（3条1項）。
　2つ目の基本原則は、生物の多様性に及ぼす影響が回避され、または最小となるよう、国土および自然資源を持続可能な方法で利用することです（3条2項）。
　3つ目の基本原則は、生物の多様性が微妙な均衡を保つことによって成り立っており、科学的に解明されていない事象が多いことや、一度損なわれた生物の多様性を再生することが困難であることから、科学的知見の充実に努めつつ生物の多様性を保全する予防的な取組方法および事業等の着手後においても生物の多様性の状況を監視し、その監視の結果に科学的な評価を加え、これを当該事業等に反映させる順応的な取組方法により対応することを旨として、生物多様性を保全しなければならないことです（3条3項）。
　「予防的な取組方法」について定めているのは、予防原則の現れであるといえます。「順応的な取組方法」とは、生物多様性の現状を把握し、その結果を今行っている事業などに反映させていく取組方法です。このように、環境に関する法律においては、将来を見据えた予防的な取組みと、現に起きている事象に随時対応して適応するための順応的な取組みの両方が必要であると考えられています。
　4つ目の基本原則は、生物多様性の保全および持続可能な利用からは、長期

的かつ継続的に多くの利益がもたらされることから、生態系などの保全と再生は、長期的な観点から行うよう努めることです（3条4項）。

最後に、5つ目の基本原則は、（ⅰ）生物の多様性の保全および持続可能な利用は、地球温暖化が生物の多様性に深刻な影響を及ぼすおそれがあり、（ⅱ）生物の多様性の保全及び持続可能な利用は、地球温暖化の防止などに資するとの認識の下に行われなければならないことです（3条5項）。

この原則は、地球温暖化が進行すれば、生物の多様性が損なわれ、生物の多様性が損なわれたら、更に地球温暖化が進行するおそれがあり、負の循環に陥る可能性があることを背景に定められています。地球温暖化の問題と生物多様性の保全は密接に関係していることを念頭に、生物多様性の保全と持続可能な利用に取り組む必要があることを明らかにしています。

生物多様性基本法においては、生物多様性の保全及び持続可能な利用に関する施策の総合的かつ計画的な推進を図るため、政府が生物多様性国家戦略を定めなければならないことが明確化されました。政府は、1995年に策定された当初の国家戦略から5回の見直しを行ってきており、最新の生物多様性国家戦略（第6次戦略「生物多様性国家戦略2023–2030」）は、昆明・モントリオール生物多様性枠組を踏まえ、ネイチャーポジティブの実現に向けた2030年までのロードマップを描くことなどを内容としており、2023年3月に策定されました。

レポート課題

問　生態系サービスは、①供給サービス、②調整サービス、③文化的サービス、④基盤サービスの4種類に分類されます。このうち①〜③は具体的にどのような形で私たちに利益をもたらしているか、身近な例を1つずつ挙げて説明してください。

小テスト

問　次の各文章中の空欄①〜⑧に入る最も適切な語句を答えてください。同じ番号の空欄には同じ語句が入ります。

⑴　生物多様性とは、種間の多様性に加えて、遺伝子の多様性に関する

【　①　】の多様性や、【　②　】の多様性も含む概念である。人間は、生活するに当たって様々な【　②　】サービスによる利益を享受している。

(2)　生物多様性の保全に関する代表的な国際的枠組みである【　③　】においては 3 つの目的が掲げられている。1 つ目は生物多様性の保全であり、2 つ目は生物多様性の構成要素の【　④　】な利用である。【　④　】な利用とは、自然界の再生能力の限界を超えないよう、地球の資源を将来にわたって利用していくことをいう。また、3 つ目は【　⑤　】の取得の機会とその利用から生ずる利益の公正かつ衡平な配分の考え方であり、この考え方は【　⑥　】と略されることもある。

(3)　生物多様性基本法で定められた基本原則の一つにおいては、科学的知見の充実に努めつつ生物の多様性を保全する【　⑦　】的な取組方法と、事業等の着手後においても生物の多様性の状況を監視し、その監視の結果に科学的な評価を加え、これを当該事業等に反映させる【　⑧　】的な取組方法により対応することを旨として、生物多様性を保全しなければならないとされている。

2　経済学から考える生物多様性問題【経済学】

● 生物多様性と経済

　生物多様性は、食料や水などの各種資源の提供や気候の調整機能といった生態系サービスと呼ばれるさまざまな恩恵をもたらしてくれる基盤であり、私たちが生きていくうえで欠くことのできないものです。しかし、これらのサービスは多くの場合、視覚的にとらえにくく、恩恵の大きさにも関わらずその存在が無視されてしまうことが多々あります。例えば、森林は木材などの資源だけでなく、土壌保持や水源涵養（すいげんかんよう）といった様々な生態系サービスを提供してくれていますが、これらのサービスが持つ価値が過小評価されることで多くの国や地域で過度な森林の伐採が行われてしまっています。後述するように、生態系サービスの価値が正しく評価されにくい主な理由のひとつとして、それが現在における財やサービスの主要な取引方法である市場を通じた取引メカニズムの中でうまくとらえることができないという点が挙げられます。この結果、生態系サービスが過剰に利用され、その提供基盤である生物多様性も失われてしまうことが危惧されているのです。このような状況を踏まえると、生物多様性や生態系サービスの問題は経済システムの問題という側面を持っていると言うことができます。そこで、本節では経済の問題を考えるための分析手法である経済学の観点から生物多様性の問題について考えていきます。

● 生物多様性と生態系サービス

　そもそも生態系サービスとは具体的にはどのようなものを指すのでしょうか。自然の価値を評価することを主な目的として、2007年にドイツで開催されたG8環境大臣会議で欧州委員会とドイツによって提唱された国際的なプロジェクトであるTEEB（The Economics of Ecosystem and Biodiversity）は生態系サービスを表1のように分類しています。

主要サービスのタイプ		
供給サービス	1	食料（例：魚、肉、果物、キノコ）
	2	淡水資源（例：飲用、灌漑用、冷却用）
	3	原材料（例：繊維、木材、燃料、飼料、肥料、鉱物）
	4	遺伝資源（例：農作物の品種改良、医薬品開発）
	5	薬用資源（例：薬、化粧品、染料、実験動物）
	6	観賞資源（例：工芸品、観賞植物、ペット動物、ファッション）
調整サービス	7	大気質調整（例：ヒートアイランド緩和、微粒塵・化学物質等の捕捉）
	8	気候調整（例：炭素固定、植生が降雨量に与える影響）
	9	局所災害の緩和（例：暴風や洪水による被害の緩和）
	10	水量調整（例：排水、灌漑、干ばつ防止）
	11	水質浄化
	12	土壌浸食の抑制
	13	地力（土壌肥沃度）の維持（土壌形成を含む）
	14	花粉媒介
	15	生物学的防除（例：種子の散布、病害虫のコントロール）
生息・生育地サービス	16	生息・生育環境の提供
	17	遺伝的多様性の維持（特に遺伝子プールの保護）
文化的サービス	18	自然景観の保全
	19	レクリエーションや観光の場と機会
	20	文化、芸術、デザインへのインスピレーション
	21	神秘的体験
	22	科学や教育に関する知識

表1　生態系サービスの分類
（出典：環境省 TEEB 報告書普及啓発用パンフレット「価値ある自然」より筆者作成）

　大きな分類の1つ目は供給サービスです。これはその名の通り食料や水など私たちが直接または間接的に利用する各種資源を供給する機能を指します。この中には、品種改良などに必要な遺伝資源を供給する機能や観賞用の動植物を提供するサービスも含まれます。2つ目は調整サービスです。たとえば、森林が存在することで土壌の侵食を防いだり、水を貯えたりといった私たちの生存環境を維持するために極めて重要な機能がこれにあたります。また、虫や鳥などによって植物の受粉が行われる機能、有害生物や病気が捕食者や病気を媒介する寄生生物などの行動によって生態系の中で抑制される機能も含まれます。これらのサービスは私たちの肉眼で直接見ることができないタイプのものが多いため、普段の生活の中でその存在に気づくことはあまりないかもしれません。しかし、いずれのサービスも私たちの生活に決して欠くことのできないものです。もし虫や鳥などによって花粉が運ばれない場合、作物の受粉がうまくいかず農業生産に大きな被害が発生してしまいます。生物多様性や生態系サービス

について世界中の研究成果をもとに政策提言を行う政府間組織として国連が設置した「生物多様性及び生態系サービスに関する政府間科学 - 政策プラットフォーム（IPBES：Intergovernmental science-policy Platform on Biodiversity and Ecosystem Services)」によれば、生態系サービスが提供する受粉の価値は世界全体で年間最大5,770億ドルにものぼります。3つ目の生息・生育地サービスには、様々な生物に生息・生育環境を提供することに加え、遺伝的多様性を維持するサービスが含まれます。遺伝資源についてはどのような動植物の遺伝資源がいかなる効果を持つのかについてわかっていないことも多く、有用な遺伝資源がまだ発見されていない可能性もあります。そのため、多様な遺伝資源が存在すること自体が私たちにとって大きなメリットとなります。遺伝資源の多様性を保てるかどうかは生物多様性が維持されているか否かに直接影響を受けるため、遺伝資源の供給と生態系サービスは密接に関係しているのです。最後に文化的サービスには生態系サービスがもたらす審美的な価値や精神的な価値などが含まれます。

　後述するように、生態系サービスが実際にどれぐらいの価値を生み出しているかを測定することは容易ではありませんが、TEEBプロジェクトも含め、その推定を試みた研究がいくつも行われています。たとえばCostanza et al.（1997）では生態系サービスの経済価値を年間平均でおよそ33兆ドルと推定しています。当時の世界全体の国民総生産の合計がおよそ18兆ドルであることを踏まえると、生態系サービスがいかに多くの価値を生み出しているのかがわかります。しかも、この研究で分析の対象となっているのは、地球上に存在する生態系サービスの全てではなく、その一部でした。そのため、実際の価値はこれより大きなものになる可能性があります。また先述のTEEBはその最終報告書の中で、生態系保全のために年間450億ドル支出することで年間5兆ドルの価値を生み出すことができるとしています。

● 生物多様性が失われている原因

　このように私たちに多大な恩恵をもたらしてくれているにも関わらず、なぜいま生物多様性は急速に失われつつあるのでしょうか。その大きな理由のひと

つと考えられるのが、生物多様性の生み出す価値がこれまで多くの場合見過ごされてきたという点です。このようなことが起きてしまう主な要因として、生物多様性がもたらす生態系サービスの供給量が非常に大きいために、人々がその希少性に気づかず、当たり前のものとしてそれを享受してきたことが挙げられます。また、生態系サービスには、炭素固定効果や水質浄化効果のように直接知覚しにくいものが多く含まれていることも、その価値が正しく評価されてこなかった一因であると言えます。

　経済学の中でも生物多様性や生態系サービス、さらにより広く自然という存在はこれまで所与のものとして分析の対象から除外されてしまうことがほとんどでした。経済学では分析の対象となる事柄の特徴を抽出するために物事を単純化して考えます。例えば、伝統的な経済学では消費者の行動を分析する際に、消費者という主体は自身の満足を最大にするように行動するものだ、という単純化のための仮定を置いてきました。これと同様に、長らく経済学では自然という要素を分析の対象から外し、考慮してなくてもよい存在として扱う考え方が主流でした。この背景には、環境問題よりも経済成長や貧困の克服が優先すべき課題とされてきたことがあります。しかし、1960年代以降、環境問題に対する意識の高まりとともに環境という要素が明示的に経済学の分析に取り込まれるようになり、経済学を使って環境問題を分析する環境経済学という分野も生まれました。さらに最近では自然環境と人間の関係をより意識した生物多様性の経済学という考え方も提唱されています。生物多様性が失われ、その希少性が意識されるようになってようやく経済学のなかでも自然環境が分析の対象となるようになったのです。

　現在の経済学では多くの場合、生態系サービスの価値が正しく評価されない状況を外部費用という言葉を使って説明します。これは費用を発生させている主体ではなく第三者が負担させられる費用を指すものです。例えば森林は周辺住民に対して水源涵養や土壌保持といった生態系サービスを提供していますが、それが開発で失われてしまう場合、住民は従来得ていた生態系サービスを得られなくなるという費用を負担することになります。一方、開発に対して何も規制が無い場合、開発者はこの生態系サービスの喪失という費用を発生させているにも関わらずそれを周辺住民に負担させ、自らは負担しません。この場合、

開発者は開発に伴う費用のうち生態系サービスの喪失という費用を外部費用として無視し、開発に伴う費用を過少評価します。これにより過剰な開発が行われることになるのです。

コラム　生物多様性の経済学：ダスグプタレビュー

　2021年2月、イギリス財務省から『ダスグプタレビュー』と呼ばれる報告書が公表されました。これはケンブリッジ大学の名誉教授で経済学者のパーサ・ダスグプタが生物多様性と経済活動についてまとめたもので今後の経済学や生物多様性の保護の在り方について多くの示唆を与えてくれています。この報告書では、伝統的な経済学が自然という要素を分析の枠組みから除外してきたこと、そして環境経済学のように、環境という要素を経済学の枠組みに取り入れようとする近年の取り組みも未だその内容が不十分であることを指摘しています。特に、現状の経済学における環境問題のとらえ方が生物圏を人間界の外側に位置付けているものだと批判し、そうではなく人間が自然の中に取り込まれているというように発想を転換する必要性を説いています。これは、自然の制約を無視して成長を続けられるという幻想を捨て、自然の制約という限界がある中での経済活動の在り方を考えるべきであることを意味しています。

　また同報告書では、生物多様性の問題を解決するためには以下の3つの要素が重要であるとしています。まず1つ目は、人々の自然に対する需要量が供給量を超えないようにし、生物の生息地を改善することなどによって供給量を現状よりも増やすことです。2つ目は豊かさの基準を変化させ、社会がより持続的な状態になることを目指すことです。現在、豊かさの基準として国内総生産（GDP）が広く用いられていますが、これには自然環境の劣化による被害は反映されていません。そのため、GDPばかりを追い求めると、取り返しのつかないほど環境が劣化してしまう事態も起こりえます。このような状況を避けるため、人工資本（人が作り出した機械などの製造物）と人的資本（人材）に自然資本（生物や水、土壌、大気などの自然の要素）を加えた包括的富と呼ばれる指標を採用することが必要であるとしています。3つ目は金融や教育システムの中に自然の要素を取り込むことです。これにより、投資を自然環境の保全や回復に向かわせることができます。また、人々が自然環境に配慮した行動をとるためには、それに対する正しい知識や親しみが必要です。そのためには、たとえば大学の必修科目に生態学の科目を導入するなど教育システムの中に自然を学ぶという仕組みを取り入れることが重要であることを同報告書は主張しています。

　外部費用の存在は財やサービスの取引にも歪みを生じさせます。現在の主流

な取引メカニズムである市場を通じた取引では、価格という尺度を用いて財や
サービスの需要と供給をマッチさせることで、これらの円滑な取引を可能にし
ています。しかし、財やサービスを生み出す際に費用として発生している生態
系サービスの価値の喪失が外部費用として無視されてしまうと、市場における
価格付けが適切に行われず、生態系サービスが過剰に失われることになります。
これについて考えるため、まずは生態系サービスの持つ価値について見てみま
しょう。

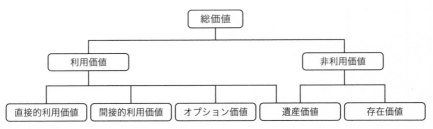

図　価値の分類
(出典：栗山・馬奈木（2008）をもとに筆者作成)

　図は生態系サービスに限らず財・サービスが持ちうる価値を示したものです。
まず財・サービスの持つ価値は大きく利用価値と非利用価値に分けることがで
きます。このうち前者は財・サービスを利用することによって得られる価値を
指し、後者は財・サービスを利用せずとももたらされる価値を指します。
　利用価値はさらに直接的利用価値と間接的利用価値に分けることができます。
直接的利用価値とは対象の物質的な量が減少するような利用方法から得られる
価値を指します。たとえば森林の場合、木材を切りだして利用することや、森
林で狩猟・採集を行うことから得られる価値がこれにあたります。一方、間接
的利用価値とは、対象の物質的な量は変化させないような利用から得られる価
値を意味します。先ほどと同じく森林を例にすると、森林を散策するという行
為は私たちに便益をもたらしますが、それ自体が森林の量を減らすことは一般
的にありません。このようなレクリエーション利用によってもたらされる価値
は間接的利用価値になります。また、森林が持つ水源涵養機能や土壌保持機能
が生み出す価値も間接的利用価値に該当します。次にオプション価値です。こ

れは、現在は利用しないものの、将来利用できる余地を残しておくことで自らが得られる価値を指します。一例を挙げると、ある自然遺産について現在は訪問しないものの、将来的にそこを訪れる可能性があることに対して価値を感じる場合、その価値はオプション価値に分類されます。オプション価値と似た概念に遺産価値があります。これは、自分自身は利用しないものの、将来世代のために資源を残しておくことから生まれる価値を指します。将来世代に残した資源が利用価値だけでなく非利用価値をもたらす場合もあるため、遺産価値は非利用価値に分類される場合もあります。最後は存在価値です。これは資源を利用しなくてもそれが存在することによって人々が感じる価値を指します。たとえば、富士山は観光地としての価値を提供しているのはもちろんですが、富士山が日本にあるということ自体に価値を見出している人も少なくないのではないでしょうか。

　このように、財・サービスの価値には多様な種類がありますが、市場取引において価格のなかに適切に反映されるのは主に直接的利用価値のみであり、その他の価値については取引価格に反映されないことがほとんどです。このような場合、市場を通じた取引では財やサービスの適切な配分を実現することができません。ここで、再び森林を例に考えてみましょう。森林の所有者が森林を開発業者に売却しようと思うのは、それを保有することによって自らが得られる便益と、森林を売却することによって得られる便益とを比較して後者の方が大きいと判断したときだと考えられます。その際注意が必要なのは、森林がもたらす便益のすべてが所有者に帰属しているわけではないということです。すでに紹介したように、森林は水源涵養や土壌保持といった様々な価値を有しますが、これらは森林所有者だけでなく、森林の周辺に住む人々にも帰属します。しかし、森林所有者に帰属しない便益については、取引の際に所有者が考慮することはありません。開発業者に森林を売却すると、周辺住民が森林から得ていた便益が失われるという費用が発生しますが、この費用は所有者にとっては外部費用として無視されてしまいます。そのため、森林が本来有する価値よりも安い価格で取引されてしまうのです。価格が安ければ需要は増えるので、森林の過剰な取引、開発につながってしまいます。いまは森林の例でしたが、他の生態系サービスの場合も同様のことが原因で過剰な利用が行われ、生物多様

性が失われていってしまっているのです。特に生態系サービスの場合、直接的利用価値以外の価値が大きな割合を占めることが多いため、市場取引による弊害も相対的に大きくなる傾向があります。

● 生物多様性の保全に向けて

1 表明選好法と顕示選好法

　それでは生物多様性を保全するためには何をしたらよいのでしょうか。生態系サービスの価値が適切に評価されていないという現状を踏まえると、この問題に対しては2つの取り組みが必要になります。1つ目は視覚的にとらえにくい生態系サービスの価値を可視化する取り組み、そしてもう1つは、見逃されてしまう価値を生態系サービスの利用者に意識させ、その利用に対して適切な対価の支払いを求める取り組みです。資源利用者が生態系サービスの価値を適切に認識するのであれば、生物多様性が過度に劣化してしまうような資源利用を防ぐことができるはずです。本節では上記の2つの取り組みごとに代表的な手法を紹介します。

　まずは生態系サービスの価値を様々なデータを使って測定しようとする環境評価と呼ばれる試みです。この手法には表明選好法と顕示選好法という2つのタイプが存在します（表2参照）。まず表明選好法は、表明という言葉が示すように人々に評価対象となる環境や生態系サービスの価値を直接尋ねることによって真の価値を推定しようとする方法です。このタイプの評価方法の代表例は仮想評価法（CVM：Contingent Valuation Method）と呼ばれる手法です。CVMでは環境を保全することにいくらまでなら支払ってもよいと思うか、もしくはいくら補償を受ければ環境の悪化を受け入れてもよいかといったことをアンケートで直接尋ねることで価値の評価を行います。また、複数の選択肢の中か

表明選好法	仮想評価法（CVM）
	コンジョイント分析
顕示選好法	トラベルコスト法（旅行費用法）
	ヘドニック法

表2　環境評価の手法（出典：筆者作成）

ら好ましいものを選択してもらうことで価値の評価を行うコンジョイント分析という手法も存在します。コンジョイント分析では提示する選択肢のそれぞれが複数の要素から構成されているのが特徴です。たとえば森林保全についての調査で、選択肢1は10haの森林を保全し、散策のための林道も整備することに対して年間1,000円を負担する、選択肢2は、林道は整備しないものの20haの森林を保全することに対して年間500円負担する、といったイメージです。この場合、各選択肢は保全面積、林道の有無、負担額という3つの要素から構成されています。

　どちらの手法もアンケート調査を用いて価値評価を行うので、評価の対象とできるものが非常に多いというメリットがあります。さらにコンジョイント分析の場合、選択肢に含まれる要素ごとの価値を測定することも可能です。ただし、アンケート調査の場合、質問の仕方によっては回答内容が変化してしまうなどのバイアスが生じるなどの問題点があるため、利用の際には注意が必要となります。またアンケートの回答者にとってなじみの少ないものについてはこの手法を適用することが困難です。

　一方、顕示選好法は人々に価値を直接尋ねるのではなく、人々の実際の行動に基づくデータを用いて評価対象の価値を推定する方法です。代表的なものが旅費のデータを使って観光の対象となる場所の価値を測定するトラベルコスト法（旅行費用法）と呼ばれる手法です。たとえば、日本の白神山地に代表されるような豊かな生態系を有する土地は、多くの場合、観光の対象になります。観光に行く際には交通費などの旅費が発生しますが、旅費は人々の観光地に対する評価額を反映しているとも言えます。あまり価値を見出せない観光地に対してはそれほど旅費を支払いたいとは思わない一方、高い価値を感じている観光地には多くの旅費を支払ってでも訪れたいと思う人が多いでしょう。トラベルコスト法では、旅費のもつこのような特徴を使って評価対象の持つ価値を推定します。

　また、ヘドニック法も顕示選好法の代表的な分析手法です。これは評価の対象となる財・サービスの価値を、それを決定すると考えられる要素に分解し、各要素がその価値にどのような影響を与えているのかをデータを用いて分析する手法です。手法の詳細な説明は割愛しますが、例えば、不動産という財の価

値を分析する場合、その価値は不動産の広さや立地、周辺環境といった要素に影響を受けると考えられます。この場合、ヘドニック法は不動産取引のデータをもとに、それぞれの要素が不動産価値にどの程度影響を与えているのかを明らかにします。ヘドニック法は環境や生態系サービスの価値のみを測るためのものではなく広く一般的な財の価値の分析に用いられる手法です。ただ、この手法を用いることで生態系サービスの価値を効果的に測定できるケースがあるため、環境評価の分野でもよく用いられています。とくに例で示したように不動産取引のデータを用いた分析が数多く行われています。

　たとえば都市にある緑地の価値を測定するケースを考えてみましょう。いま仮に2つの不動産物件があったとします。2つの物件は間取りなどの条件は全く同じですが、一方の物件は緑地に隣接しているのに対し、もう一方の物件の周囲には緑地がない場合、おそらく前者の方が緑地に隣接している分、不動産価格が高くなることが予想されます。ヘドニック法ではこの価格差を使って都市緑地などの環境の価値を評価します。顕示選好法では、人々の実際の行動に基づくデータを用いるため、アンケート調査が抱えるバイアスの問題は発生しません。ただし、トラベルコスト法の場合は観光の対象となり旅費の情報が入手可能なもの、ヘドニック法の場合は関連する市場が存在するものといったように適用可能な範囲が表明選好法と比べて少ないというデメリットがあります。ここで紹介したように、生態系サービスの価値を測定する手法は様々なものがありますが、これらの中で常に一番優れた手法があるというわけではなく、状況や目的に応じて適切な手法を選択していく必要があります。

2　環境評価の実際

　これまで紹介した価値評価の手法は実際に様々な場面で利用されています。たとえば、1989年にエクソン社のタンカー、バルディーズ号がアラスカ沖で座礁したことで発生した原油流出事故はCVMが環境汚染の被害の測定に用いられた事例として有名です。この事故では1,080万ガロン以上の原油が流出したとされ、周辺の環境に深刻な被害をもたらしました。エクソン社は原油を除去するための費用として20億ドル以上を負担しましたが、事故によって生じた生態系への被害については評価が困難でした。これに対して、カリフォルニ

ア大学のカーソン教授らは CVM の手法を用いて被害額の測定を行いました。具体的には全米の一般市民を対象としたアンケート調査をもとにその額をおよそ 28 億ドルと推定しています。その後、エクソン社は交渉の結果、約 10 億ドルを追加で支払うことで和解をしましたが、その際 CVM の結果が参考にされました。ただ、これは CVM による価値評価の信頼性について議論を呼ぶことにもなります。これを受け、アメリカ海洋大気庁はともにノーベル経済学賞受賞者であるアローとソローを中心とする委員会を設置し、CVM が満たすべきガイドラインを策定しました。

　日本でも環境評価が行われるケースが増えてきています。たとえば、東京都は 2015 年に都市農業・農地の多面的機能を評価するために CVM を用いた調査を行い、結果を公表しています。この調査では都内に住む 1,200 人を対象にインターネットによるアンケートを実施し、その結果から都市農業・農地が有する環境保全機能や防災機能、生物多様性の保全機能などからなる公益的機能による便益を年間 2,162 億円と推定しています[1]。

　また、環境評価は近年注目されている包括的な富の測定にも用いることができる可能性があります。これまで、豊かさを測る指標としては国内総生産（GDP）が広く用いられてきました。これは一定期間において国内で生み出された付加価値の合計として定義され、国の経済的な豊かさを測る代表的な指標です。ただし、GDP には環境の悪化や生物多様性の喪失といった要素が考慮されていません。そのため、高い GDP だけを追い求めると結果として環境や生態系に大きな被害が生じてしまいます。実際、日本は 1950 年代から 70 年代にかけての高度経済成長期に実質経済成長率が 10% を超え、GDP が著しく拡大した一方で、四大公害病に代表されるような深刻な環境問題を経験しました。これは GDP のみを追い求めすぎたために引き起こされた問題とも言えます。

　GDP の抱えるこのような問題を克服するための 1 つの方法として提唱されているのが包括的富の測定です。これは生産設備などの人工資本だけでなく、教育やスキルといった人的資本、そして石油などの天然資源や生態系サービスを供給する森林なども含めた自然資本の 3 つからなるより広い範囲の豊かさの測定を目指すものです。2012 年に開催された国連持続可能な開発会議（リオ

＋20サミット）で発表された報告書 Inclusive Wealth Report 2012（IWR：包括的豊かさに関する報告書）のなかで包括的富を測る尺度として Inclusive Wealth Index（IWI：包括的富指標）が採用されています。市場で実現する価値をベースとして計算を行う GDP とは異なり、IWI の算出には市場で表面化しない価値も含まれるためその計算には工夫が必要となりますが、上で紹介した環境評価法はこのような通常では見えにくい価値を測定するために用いることができます。

　ここまで生態系サービスの価値を可視化する手法について見てきましたが、資源利用者に生態系サービスの価値を認識させる方法としては PES（Payments for Ecosystem Services）と呼ばれる手法が注目されています。これは生態系サービスに対してその便益を受けている主体が支払いを行うという仕組みで、市場取引の中で無視されてしまっている価値を顕在化させることによって問題を解決しようという考え方に基づいています。PES に基づく手法には様々な種類がありますが、ここでは、Salzman et al.（2018）で提唱された分類にしたがいその内容を見てみましょう。1つ目のタイプは利用者出資型 PES です。これは、生態系サービスの提供を維持または促進する活動を土地所有者が行った場合、そのサービスの利用者が土地所有者に対して補償を行うというものです。2つ目のタイプは第三者出資型 PES です。このタイプの場合、生態系サービスの提供を維持または促進する活動を土地所有者が行うことに対し、サービスの利用者ではなく公的機関や環境保護団体が補償を行います。3つ目はコンプライアンス型 PES です。これは、生態系サービスを維持または強化する活動を行う義務を課された主体が、自分でそのような活動を行う代わりに他の主体に補償を支払い、同等の活動を行ってもらうものを指します。たとえば、温室効果ガスの排出権取引制度では、削減義務を負った主体が自ら削減を行う代わりに、他の主体が削減した実績を購入することで自分の削減実績とすることができますが、これはコンプライアンス型 PES に分類することができます。以上、3つのタイプを紹介しましたが実際には様々なタイプの PES 型の取り組みが行われており、必ずしもすべての取り組みが3つのタイプのどれかに厳密に分類できるわけではないという点には注意が必要です。また、場合によっては複数のタイプの特徴を持つプログラムが実施されることもあります。Salzman et al.（2018）によれば世界全体で50以上の PES 関連プログラムが実施され、そ

こでやり取りされる金額は 360 ～ 420 億ドルにのぼると推定されています。

　日本でも様々なかたちで PES の仕組みが取り入れられ始めています。たとえば、2003 年に高知県は全国で初めて森林環境税を導入しました。これは、地方自治体が森林整備事業を行うのに対し、その費用を森林が有する生態系サービスの受益者である県民が支払うというもので、利用者負担型 PES に類する仕組みです。負担額は個人、法人ともに県民税に年額 500 円を上乗せして徴収されています。高知県は森林率が 84% と全国で最も高く、そこから多くの生態系サービスが供給されてます。しかしその一方で、林業の衰退に伴う人工林の荒廃などが問題化しており、このような状況に対処するために森林環境税が導入されました。2021 年の時点では森林環境税を活用した事業の総額は 2 億 5,864 万円でそのうち約 34.2% が森林整備、約 17.8% がシカによる森林の食害対策、約 17.5% が木材利用、約 16.8% が森林ボランティアなどの県民の主体的活動の補助、そして約 13.7% が森林環境教育のために用いられています[2]。高知県で森林環境税が導入されて以降、他の自治体でも同様の制度が導入されています。さらにこれとは別に 2024 年からは国内に住所がある人を対象に 1 人年額 1,000 円を国税として徴収する森林環境税が新たに導入されます。この税による収入はすべて森林環境譲与税として都道府県や市区町村に剰余され、森林整備やその促進に関する費用に充てられることとされています。

　また、水資源に注目した仕組みも導入されています。愛知県の豊田市では 1994 年に水道水源保全基金という制度を導入しました。これは、水道水の水源となっている森林の保全を目的として水道料金 1 立方メートル当たり 1 円を上乗せし、これを原資とした基金を設置するというものです。神奈川県でも 2007 年度から水源環境保全税が導入されています。これは良質な水の安定的な確保を目的として導入されたもので、1 年あたり個人県民税の均等割に 300 円、所得割の税率に 0.025% を上乗せする形で徴収しています。なお、この税を導入するにあたって、神奈川県では CVM による調査を実施し、水質保全対策に対して人々がどの程度支払いをする意思があるのかを測定し、これをもとに実際の税率を決定しました。このように PES は広く用いられるようになってきています。ただし、Salzman et al.（2018）でも指摘されているように PES の導入が実際に生態系サービスの供給にどのような影響を与えるのかについて

現時点ではまだわかっていないことが多く、この点については今後の研究課題といえます。

● 生物多様性保全のこれから

　本節で示したように、現在ではこれまで見逃されてきた生物多様性の持つ価値が意識されるようになり、それを保全するために様々な取り組みが実施されるようになってきました。しかし、これによって生物多様性の問題が解決されたわけではありません。今後も持続可能なかたちで生態系サービスの恩恵を享受していくためには、私たち一人ひとりがその存在を意識した行動をとることが必要となります。しかし、視覚的に捉えにくい生態系サービスを日々意識し続けることは簡単ではありません。そのため、生物多様性や自然環境保護を目的とする仕組みを取り入れた制度設計を行うことで、人々の行動を生物多様性の保全と調和させていくことが重要です。

注
1)　東京都　平成 27 年度政策調査「都市農業・農地が有する多面的機能の経済的評価に関する調査」。
2)　「高知県森林環境税令和 3 年度・活用事業のご案内」より筆者が算出。(https://www.pref.kochi.lg.jp/soshiki/030101/files/2015041600421/file_20215215141752_1.pdf 最終アクセス：2023 年 1 月 24 日)

参考文献
[1]　栗山浩一・馬奈木俊介（2008）『環境経済学をつかむ』有斐閣。
[2]　Costanza R, d'Arge R, de Groot R, et al. The value of the world's ecosystem services and natural capital. *Nature* 1997; 387（6630）: 253-60.
[3]　Salzman J, Bennett G, Carroll N, Goldstein A and Jenkins M, The global status and trends of payments for ecosystem services, *Nature Sustainability*. 2018 1 136–44.

レポート課題

問　経済学では生物多様性が過剰に失われる主な原因を「外部費用」という言葉を使って説明します。外部費用の意味を示しつつ、これが生物多様性の過剰な喪失を招く理由を説明してください。また、外部費用が引き起こす問題に対してどのような対策が必要かについても論じてください。

小テスト

問　次の各文章中の空欄①〜⑧に入る最も適切な語句を答えてください。

(1) TEEB によれば生態系サービスは、供給サービス、【　①　】サービス、生息・生育地サービス、文化的サービスの4つの大きく分類されます。

(2) 環境の価値を評価する手法で、CVM のように評価対象の価値をアンケートなどで直接尋ねる方法を【　②　】と呼びます。

(3) 生態系サービスに対してその便益を受けている主体が支払いを行う仕組みを【　③　】と呼びます。

(4) 自然環境を訪問するために費やした費用を用いて環境の価値を測定する手法を【　④　】と呼びます。

(5) 資源が持つ価値のうち、現在は利用しないものの、将来利用できる余地を残しておくことで自らが得られる価値を【　⑤　】と呼びます。

(6) エクソン社のタンカーである【　⑥　】号が引き起こした原油流出事故では被害額の推定のために環境評価の手法が用いられました。

(7) 人工資本、人的資本、自然資本の3つからなる豊かさを測定するための指標は【　⑦　】と呼ばれ GDP に代わる豊かさの指標として注目されています。

(8) 2003 年に高知県で全国に先駆けて導入された【　⑧　】は、地方自治体が森林整備事業を行うのに対し、その費用を森林が有する生態系サービスの受益者である県民が支払うというものです。

3　生物多様性に影響する生物学的要因【自然科学①】

● 地球上の生物

1　生物とは何か

　「生物とは何か」という問いについての議論は長年続いており、これまでに数多くの研究者によって様々な「生物の定義」が提案されてきました。その中で、生物学において比較的広く受け入れられている定義があります。その定義では、次の3つの条件を満たすものを「生物」としています：(1) 外界との境界をもつ、(2) 外界から取り込んだ物質やエネルギーを用いた化学反応（代謝）をおこなう、(3) 自己複製をする。

　地球上では約38億年前に最初の生物が誕生し、この生物から多くの種が分化してきたと考えられています。現在では、180万種以上の生物が知られており、未知の種も含めると一説には1100万種以上が存在すると推定されています（Chapman 2009）。

2　生物の分類

　地球上の生物は、細菌、古細菌、真核生物という3つの「ドメイン」と呼ばれるグループに分けられます（Woese et al. 1990）。細菌と古細菌は原核細胞からなる単細胞性の生物であり、原核生物とよばれます。これらの細胞内には、遺伝物質である DNA（deoxyribonucleic acid：デオキシリボ核酸）を内包する「核」などの、膜で仕切られた構造（細胞小器官）がありません。一方、真核細胞からなる真核生物は、単細胞性と多細胞性のものが存在します。真核細胞には核の他にも、様々な細胞小器官があります。

　細菌は様々な場所に生息しています。南極氷床下の湖といった低温環境や深海底の熱水噴出孔付近といった高温環境など、幅広い温度条件下での生息が確認されています。温度だけでなく、酸素濃度、塩分濃度、pH といった環境条件についても、細菌は広範な条件下に存在します。また、他生物との共生もよ

く知られています。ヒトの腸内にはビフィズス菌など多数の細菌が生息しています。節足動物などの細胞内に共生するボルバキアという細菌は、宿主の性別や繁殖を操作することがあります。また細菌は、光合成をするものや硫化水素（H_2S）の酸化によりエネルギーを得るものや発光するものが存在するなど、代謝も多様です。細菌のなかには人間にとって有用なものも存在します。ヨーグルトや納豆などの製造過程で重要な発酵に関与する細菌もいれば、バイオレメディエーション（生物や生物由来の酵素を利用して環境中に含まれる汚染物質を無毒化・除去すること）に活用される細菌もいます。その一方で、ヒトに感染して病気を引き起こす細菌も知られています。

　古細菌は、細菌と同じ原核生物ではありますが、体を構成する分子の種類など、様々な点で細菌とは異なる特徴をもっています。生息環境は細菌と同様に多様ですが、高温環境や高塩分濃度、強酸性、強アルカリ性といった極限環境に生息するものが多く知られています。古細菌の代謝も多様です。メタン生成古細菌は、ウシなどの反芻動物やシロアリの消化管内や、湖沼、水田、海洋などに生息しており、水素ガス（H_2）と二酸化炭素からメタンを生成します。メタンは燃料としての有用性がある一方で、温室効果ガスと呼ばれ、地球温暖化を促進する要因になります。

　真核生物には、動物や菌類（カビやキノコの仲間）、植物、原生生物が含まれます。動物は多細胞性で、栄養源を他の生物が生産した有機物（二酸化炭素などの単純な分子を除く、炭素化合物）に依存する「従属栄養生物」です。菌類は、動物に近縁なグループであり、原核生物の細菌と区別するために真菌ともよばれます。菌類は従属栄養性であり、細胞壁には多糖類の一種であるキチンを含んでいます。植物は、無機物から有機物を合成することができる「独立栄養生物」です。この合成は、光合成と呼ばれる一連の化学反応によって行われます。原生生物は、動物、菌類、植物以外の真核生物で、ほとんどが単細胞性です。マラリア原虫やトリパノソーマなど、寄生性・病原性の原生生物も知られています。

● 生物多様性に影響する要因

　1992年の国連環境開発会議（地球サミット）において採択された生物多様性条約（Convention on Biological Diversity）では、生物多様性は、種内（すなわち遺伝子）、種間（種）、生態系という3つの異なる階層における多様性を含むとされています。ここではこれら3つの多様性がどのようなものか、また、これらの多様性に影響を与える生物学的要因について述べます。

1　遺伝子の多様性

1.1　遺伝子とは

　DNAは遺伝情報を保持する物質であり、構成単位となるヌクレオチドという化学物質が多数連結して形成されています。ヌクレオチドは、5個の炭素原子を含む糖である五炭糖とリン酸、塩基で構成されています。DNAの場合、塩基はアデニン、シトシン、グアニン、チミンという4種類（それぞれA、C、G、Tと表記されます）があり、この塩基の違いによって4種類のヌクレオチドが存在します。そして、連結された4種類のヌクレオチドの並び（塩基配列）がDNAの遺伝情報となっています。

　ある生物がもつDNAの遺伝情報の全体をゲノムといいます。ヒトの場合、細胞核の中に母親・父親に由来する2セットのゲノムが存在します。細胞内に2セットのゲノムが存在する生物は2倍体生物とよばれます。

　ゲノムを構成するDNAにはそれぞれ異なる遺伝情報をもつ様々な領域があり、それらは遺伝子領域とそれ以外の領域に大別できます。遺伝子とは、狭義にはタンパク質のアミノ酸配列を指定する領域（タンパク質コード領域）を指しますが、広義には生物個体の性質を規定する機能をもつDNA領域を指します。

1.2　遺伝子の多様性とは

　「遺伝子の多様性」は、生物種内でみられるゲノムの特定領域における塩基配列の多様性を意味します。例えば、同種の個体がもつ同一のタンパク質コード遺伝子であっても、個体間で塩基配列が異なり、多様性がみられる場合があります。

　同一遺伝子で塩基配列が異なるものを対立遺伝子といいます。2倍体生物で

は、細胞核内に母親・父親由来の２つの同一遺伝子がありますが、それらが異なる塩基配列をもつ、つまり異なる対立遺伝子である場合があります。例えば、ヒトのABO式血液型糖転移酵素遺伝子（ABO遺伝子）にはA、B、Oタイプという３つの対立遺伝子がありますが、ある個体が保有する母親・父親由来の対立遺伝子がそれぞれA・Bといったように同一ではないことがあります。１個体の対立遺伝子の構成を遺伝子型といい、ABO遺伝子の遺伝子型には、AA、AO、BB、BO、OO、ABがあります。

1.3　多様性の創出と維持、喪失

遺伝子の多様性は、突然変異（mutation）によって創出されます。突然変異はDNAの塩基配列に変化が生じることであり、塩基が１つだけ変化する場合や長大なDNA領域にわたって変化する場合など、変化が生じるDNA領域の規模は様々です。変化の仕方も様々です。例えば、ある塩基が別の塩基に置き換わる「置換」や、塩基が失われる「欠失」、塩基が付加される「挿入」、ある長さの塩基配列と同一のものが付加される「重複」、ある長さの塩基配列が逆転する「逆位」といった変化の仕方があります。このような突然変異によって遺伝情報が変化した、新しい対立遺伝子が生じるのです。そして遺伝情報が変わると、それに伴って生物の性質も変化することがあります。

突然変異によって創出された遺伝子の多様性は、維持される場合もあれば失われる場合もあります。遺伝子の多様性に影響する要因のうち、種内で生じる自然のプロセスによるものとしては、⑴自然選択（自然淘汰ともよばれます）、⑵遺伝的浮動、⑶遺伝子流動があります。これらについて以下に説明します。

⑴　自然選択

自然選択とは生物の進化過程を説明するものの１つです。生物のある性質（体の形や色、行動、生理学的性質など、あらゆる特徴）において３つの条件、すなわち「変異」・「選択」・「遺伝」が満たされたとき、自然選択による進化が起こります。１つ目の条件の「変異」とは、「同じ種の個体でも、ある性質に違いがあること」をいいます。２つ目の「選択」は、「その変異が原因となり、生存率や子孫の数において個体間で差が生じること」をいいます。３つ目の「遺伝」は、「親の性質が遺伝子の伝達によって子に現れること」を意味します。つまり、自然選択が生じると、生存や繁殖においてより有利な効果をもたらす

遺伝子が次世代の個体集団の中でその割合（遺伝子頻度）を増していきます。

　突然変異によって生じた新たな対立遺伝子は、個体の生存や繁殖において他の対立遺伝子よりも有利または不利になる効果をもたらす場合と、中立な（有利でも不利でもない）場合があります。このうち有利または不利な対立遺伝子は、自然選択により個体集団内での頻度が変化することがあります。有利である場合は、その対立遺伝子が集団内で占める頻度が世代を経て増加していきます。最終的にはそれが集団内の全てを占め、遺伝的多様性がなくなることもあります。不利である場合、その対立遺伝子の集団中での頻度は減少していき、最終的に消失することもあります。ここで注意したいのは、環境が変わればどの対立遺伝子が有利になるかが変わりうるということです。

　複数の対立遺伝子が共存しつづけるように自然選択が働き、多様性が保たれる場合もあります。このような結果が生じるメカニズムとして、超優性や負の頻度依存選択などがあります。超優性は、2倍体生物において、異なる2つの対立遺伝子をもつ個体（ヘテロ接合個体）が同一のものを2つもつ個体（ホモ接合個体）よりも生存・繁殖において有利になる現象です。例えばaとbという2つの対立遺伝子があるとき、遺伝子型abの個体が遺伝子型aaあるいはbbの個体よりも有利であるということです。この結果、両方の対立遺伝子が次世代に残りやすくなり、多様性が保たれます。頻度依存選択は、集団内の個体の表現型（ある遺伝子が発現することによって現れる個体の性質）が2種類に分けられるときに、それぞれの表現型をもつ個体の有利性が、集団内における表現型の頻度によって変わるという進化プロセスのことです。頻度依存選択には、正あるいは負の頻度依存選択という2つのタイプがあります。ここで仮に、対立遺伝子xとyがあり、遺伝子型xxとxyの個体が表現型X、遺伝子型yyの個体が表現型Yになるとします。集団内の表現型Xのほうが表現型Yよりも頻度が高い場合、頻度のより高い表現型Xの個体が有利になるのが正の頻度依存選択で、頻度のより低い表現型Yの個体が有利になるのが負の頻度依存選択です。負の頻度依存選択では、頻度がより低い表現型の個体が平均的により多くの遺伝子を次世代に残すことになります。世代を経るなかでその表現型の個体が集団内で多数派になると、今度はもう一方の表現型の個体が少数派となって有利になります。このように、頻度が低くなった表現型が後の世代において頻度を

増していくために対立遺伝子の消失が起こりにくく、遺伝子の多様性が維持されます。

(2) 遺伝的浮動

　ある対立遺伝子の頻度は、対立遺伝子の自然選択上の有利性とは無関係に、偶然の出来事によって変化することがあります。このような変化を遺伝的浮動といいます。遺伝的浮動は、両親が保有する対立遺伝子が子に伝達される過程で生じることがあります。血液型のABO遺伝子を例に説明しましょう。両親ともにAB型である場合、両親のそれぞれが保有する対立遺伝子A・Bのどちらか1つがランダムに子に伝達され、子の血液型の出現確率はAA型が1/4、AB型が1/2、BB型が1/4となります。この出現確率どおりになると親世代と子世代で対立遺伝子頻度に変化はありません。しかし実際は、必ずその出現確率どおりになるとは限りません。例えば、4人の子が生まれたとき、出現確率をもとにした期待値はAA型1人・AB型2人・BB型1人ですが、実際にはAB型3人・BB型1人のように期待値からずれることがあります。この期待値からのずれは、子世代で対立遺伝子頻度が変化したことを意味します。この偶然による期待値からのずれは、子の数が少ないときほど大きくなる傾向があります。子の数が多くなるにつれて、そのずれは小さくなる場合が多くなり、無限に多くの子が生まれた場合には（現実には無限はあり得ませんが）期待値どおりになります。

　このほか、個体の生存に関する偶然性によって遺伝的浮動が生じることもあります。例えば、ある昆虫の個体が同種個体間の生存競争において有利な対立遺伝子を持っていても、たまたま通りかかった大型動物に踏み潰されて死んでしまい、子を残せないこともあります。自然環境下ではこのような偶然の出来事が個体の生存を左右し、次世代の対立遺伝子頻度に影響することがあります。集団内の個体数（集団サイズ）が小さい場合は、偶然による対立遺伝子頻度の変化が集団の対立遺伝子構成に大きな影響を及ぼす傾向があります（つまり遺伝的浮動の影響が大きい）。集団サイズが大きくなるにつれて遺伝的浮動の影響は小さくなります。集団サイズが無限になると（現実には無限はあり得ませんが）、その影響は無くなります。

　遺伝的浮動の効果は中立・有利・不利な対立遺伝子のいずれに対しても生じ

ます。中立な対立遺伝子の頻度は、自然選択による変動は起こらず、遺伝的浮動により世代を経るなかでランダムに増減します。ランダム変動を繰り返していくと、最終的にはその対立遺伝子は集団から失われるか、もしくは集団内のすべてを占めるようになります。つまり、遺伝的浮動によって遺伝子の多様性は失われます。有利・不利な対立遺伝子も遺伝的浮動の影響を受けますが、自然選択の強さや集団サイズなどの要因で対立遺伝子頻度の変動の仕方が変わります。

　遺伝的浮動により遺伝子の多様性が顕著に低下する現象として、ボトルネック効果と創始者効果があります。ボトルネック効果は、自然災害や環境の急変などによって集団サイズが大幅に減少したときに生じます。災害などを偶然に生き延びた少数の個体の集団は、もとの大きな集団の多様性を維持していないことがあります。さらに、生き残りの集団では集団サイズの低下によって遺伝的浮動の効果が強く表れるようになり、多様性が低下します。創始者効果は、大きな集団から少数個体が隔離されることで新たに小さな集団が形成される際に生じます。隔離された少数個体の集団では、元の大きな集団とは対立遺伝子頻度と異なることもあります。また集団サイズの低下により遺伝的浮動の効果が大きく表れます。

⑶　遺伝子流動

　生物は生存に適した気候を示す地域であればその一面にどこにでも生息しているとは限りません。同一地域内でも、温度や湿度、酸素濃度、食物の量、土壌の質、天敵の有無などの条件によって様々な環境が存在し、生息できる場所とできない場所が存在します。結果として生存可能な地域のなかで、他から分断された（個体の交流が制限された）個体集団が多数形成されます。

　ある集団において独自に生じた突然変異は、集団間で個体の移動が生じれば、他の集団に導入されます。集団間の対立遺伝子の移動を遺伝子流動といいます。ある集団に焦点を当てた場合、別の集団からの個体の移入も遺伝子の多様性を創出する要因となります。一方で種全体を考えると、集団間での対立遺伝子の移動は、集団間の遺伝的均一化の要因となります。

　以上で説明した自然選択、遺伝的浮動、遺伝子流動は同時に起こり得るものであり、それらのバランスによって対立遺伝子頻度の時間的な推移の仕方が変

わります。

2　種の多様性

2.1　種とは何か

　種の定義は長く議論されてきた問題であり、これまでに様々な定義が提案されています。その中でも特に「生物学的種概念」（Mayr 1942）は広く用いられています。生物学的種概念では、種は「相互に交配が可能であり、他の同様な集団とは生殖的に隔離されている自然の集団」と定義されます。この定義では、生殖的隔離の有無が種を分ける基準となります。そのため、無性生殖のみを行う、つまり交配をしない生物には適用できないなど、いくつかの問題はあります。しかし、生殖的隔離は遺伝的に異質な集団の創出をもたらすものであり、複数の集団（種）がそれぞれ異なるものであると判断するための基準として有用であると考えられます。そのため、ここでは生殖的隔離に重点をおいた生物学的種概念に基づく種の定義を用います。

2.2　種の多様性とは何か

　種の多様性は、ある場所において様々な種の生物が存在していることを意味します。その多様性を説明する要素として、種の豊富さと種の均等度があります。前者はある場所に存在する種数のことで、後者はそれらの種の存在量の均等さのことです。種の多様性評価には、その場所の生物の系統進化過程（系統樹）に基づく系統的多様性や、生物がもつ性質の違いに基づく機能的多様性を考慮することもあります。

　複数の場所を考えるときには、α（アルファ）・β（ベータ）・γ（ガンマ）多様性という3つの多様性の指標が用いられます。α多様性はそれぞれの場所内の種の多様性、β多様性は種の多様性の場所間の違い、γ多様性はすべての場所をひとまとめにしたときの種の多様性の指標です。これらの多様性の指標により、複数の場所を含む広域区画内の多様性の詳細を把握することができます。

2.3　種の多様性の創出と維持

　種の多様性を創出する要因の1つとして、新たな種の出現（種分化）があります。種分化は、単一種の集団間で生殖的隔離が生じて複数の種が形成されることです。新たな種が形成される過程は地理的観点から複数のモデルに分類す

ることができ、主なモデルに異所的種分化や同所的種分化があります。異所的
種分化は、単一種の１つの集団が地理的に隔離された複数の集団に分かれ、そ
れらの隔離された集団において生殖的隔離をもたらす遺伝的変異が蓄積してい
き、やがて生殖的隔離が成立するというものです。地理的隔離は、物理的な障
壁の形成などの様々な原因によって生じます。同所的種分化では、地理的隔離
を伴わずに生殖的隔離が生じます。同所的種分化は倍数性の変異（染色体の基
本数に倍数的な増減が生じるような突然変異）などの特殊な要因によって生じる
可能性がありますが、普遍的に起こるものとはみなされていません。

　生殖的隔離のメカニズムは、生殖の妨げとなる障壁が受精の前・後のいずれ
に存在するかによって接合前隔離と交配後隔離に分類できます。接合前隔離は
さらに詳細に分類することができ、動物の交尾器形態の違いなどによる機械的
隔離や、求愛行動の違いなどによる行動的隔離、繁殖時期の違いなどによる時
間的隔離、卵と精子の表面タンパク質の違いにより受精できないといった配偶
子隔離などがあります。接合後隔離は、交雑によって生じた子の生存力や生殖
能力が失われることなどにより生じます。

　種の多様性を創出するもう１つの要因は、個体の移動です。ある場所に注目
すると、それまでそこには存在していなかった種の個体が他の場所から移入し
てくれば、その場所に新たな種が加わることになります。移動により、その場
所の種数は増加しますが、場所間の種構成についての違いは低下します。

2.4　多種共存のメカニズム

　創出された種の多様性は、複数の種が同じ場所で共存しつづけることで保持
されます。異なる種の生物は種間で様々な相互作用をしながら、共存する場合
もあれば他種を排除することもあります。では、どのような仕組みで多種が共
存することが可能なのでしょうか。多種共存を説明するモデルはこれまでに多
数提案されています（Vellend 2016）。その１つにニッチモデルがあります。
ニッチとは、一般的には、ある生物が利用する餌資源や空間などに基づく生物
群集における位置づけ（生態的地位）を意味します。資源利用パターンが重複
する種が複数存在する（複数種のニッチが重複している）場合、それらの種間
において資源を巡る競争が生じます。その結果、ある種がほかの種を排除してし
まうこともあります（競争排除）。しかし、これらの種が餌や生息場所を分け

るようになる、すなわち「食い分け」や「すみ分け」というニッチ分化が生じることで多種の共存が可能になります。ニッチモデルでは、ある場所において供給される資源が余すことなくその場の生物に利用されており、個体密度はほぼ平衡状態であると考えます。一方で、環境条件や捕食者の存在などにより、実際には個体密度は平衡状態よりも低く抑えられており、資源には余剰があるために競争排除が生じず、ニッチ分化が起こらずとも多種が共存できるとする考えもあります。この考えを取り入れた非平衡モデルとよばれるものも提案されています。

3　生態系の多様性

3.1　生態系とは

生態系とは、生物やそれを取り巻く物理化学的環境とそれらの相互作用を1つの統合的なシステムとみなしたものです。生態系の空間的スケールは様々であり、小さな池、またはその池を含む広域をそれぞれ1つの生態系とみなすことも可能です。取り扱う問題の内容によって、どのようなスケールの生態系に着目するかが決まります。

地球上では、緯度や高度、大気・海流循環、地質などにより、温度や湿度、土壌の化学物質構成などが異なる多様な物理化学的環境がつくられています。生物は、それぞれの生息環境に適応するように進化し、それ以外の環境条件下での生育や繁殖が困難であることが多くあります。このため、それぞれの環境には異なる生物が生息し、多様な生態系が形成されていきます。

生態系における生物的要素や物理化学的環境要素の間では、物質やエネルギーの流れが生じます。生態系は非常に複雑な系ですが、特定の物質やエネルギーの流れのみに着目することで比較的単純な図式で表すこともできます。この図式は、生態系の構成要素とそれらの間での物質・エネルギーの移動を意味するフラックスによって表現されます。

3.2　生態系における物質循環とエネルギーの流れ

生態系においては、構成要素間で様々な物質が循環しています。水や炭素、窒素、リン、硫黄などの生物にとって重要な元素の循環は特に注目されています。全ての生物の生存に不可欠な元素である炭素を例に、生態系での循環の過

程をみてみましょう。

　大気などの環境中には二酸化炭素（CO_2）が存在しています。植物は、太陽光エネルギーを利用して水と大気中の二酸化炭素から有機物を合成します。植物は無機物から有機物を生産することができる独立栄養生物で、そのような生物を生産者といいます。植物の他にも、化学反応（主に酸化還元反応）で得られるエネルギーを有機物合成に利用する化学合成生物が生産者として知られています。生産者は他の生物に被食され、生産者の体に含まれる有機物が他の生物へと移動します。生産者を捕食する生物は従属栄養生物であり、消費者とよばれます。消費者はさらに別の消費者に捕食されることもあり、その捕食に伴って有機物はさらに別の消費者へと移動します。生物の排出物や死んだ生物体に含まれる有機物は、分解者と呼ばれる従属栄養生物によって無機物に分解されて CO_2 として環境中に放出されます。また、そのほかの生物も有機物の一部を利用して呼吸をし、その結果 CO_2 が環境中に放出されます。これらの CO_2 を生産者が有機物合成に利用することで、炭素は生態系の中を循環しています。環境中への CO_2 の放出は、人間の活動によってさらに付加されています。例えば、人間は地中に埋蔵された化石燃料を取り出して燃焼させ、大気中に CO_2 を放出しています。

　エネルギーの流れは、生物間の「食う（捕食）－食われる（被食）」の関係によるつながりである食物連鎖によって示すことができます。独立栄養生物である植物などは、太陽からの光エネルギーを使って無機物から有機物を合成することで、光エネルギーを化学エネルギーに変換します。従属栄養生物は、独立栄養生物を捕食することでエネルギーを獲得します。このエネルギーは最終的には熱として放出されて失われるため、生態系内を循環しません。そのため、太陽からの光エネルギーの供給が途絶えればエネルギーは失われるばかりで、多くの生態系は維持されなくなります。

3.3　生態系の多様性

　地球上では様々な気候がみられ、陸域ではそれぞれの気候の下で特徴的な植生帯が形成されます。それぞれの植生帯に存在する全ての生物をひとまとめにしてバイオームといい、大きなスケールの生物群集とみなすことができます。陸域のバイオームは、熱帯多雨林や温帯常緑樹林、温帯落葉樹林、針葉樹林、

高山荒原、ツンドラ、砂漠などの区分があります。水域では、塩分濃度や水温、水流の速さ、光量などの物理化学的環境によって異なるバイオームが形成されます。

　環境条件によって異なるバイオームが形成される理由の1つには、生物はそれぞれの生息環境（温度や湿度などの物理化学的環境条件）に対して適応進化しており、ある範囲の環境条件以外での生存が困難であることが挙げられます。また生物は、生存可能な環境条件下であっても、他種との相互作用（捕食、寄生、競争など）といった生物的要因により分布が制限されることもあります。その結果、地球上のそれぞれの環境において異なる生物が存在し、特徴的な生態系を形成するのです。

　生態系内部においても環境も均一ではありません。地形や地質の不均一性、攪乱（嵐、洪水、火災など）による環境変化、生息する生物の物質生産・分解による環境変化などにより、それぞれの生態系内において複雑な環境がつくられていきます（Franklin 2005）。この結果、よく似た気候の地域においても、環境の多様性が生み出されます。

3.4　気候変化の影響

　気候の変化は多くの生物の生育に影響しますが、それに対する生物の反応の仕方は様々です。地球規模の気候変化では、生物の分布域が変わることがあります。例えば、北米の最終氷期以降の地球の温暖化の過程で、アカマツとバンクスマツは分布南限が北上して分布域が北方へ移動し、ヒッコリーは分布の南限は変わりませんでしたが、北限が北上したことで分布域が拡大しました（Davis 1976）。近年では、ヨーロッパや北米のマルハナバチの分布南限は北上した一方で北限はあまり変わっておらず、その分布域が狭まっていることが報告されています（Kerr et al. 2015）。北海道の大雪山系にある五色ヶ原では、高山湿生草原（湿生お花畑）が1990年代前半に急速に消失し、変わってチシマザサが分布を広げました。これは、融雪時期の早期化による土壌の乾燥化が原因であると考えられています（川合・工藤 2014）。このほかにも、気候変動は、生物の個体密度や、動物行動、植物の開花時期など様々な影響を与えます。ある生物に対する影響は、それと相互作用する生物にも間接的に影響を及ぼすこともあります。

参考文献

［1］　Chapman AD（2009）Numbers of living species in Australia and the world. Toowoomba, Australia: 2nd edition. Australian Biodiversity Information Services.

［2］　Davis MB（1976）Pleistocene biogeography of temperate deciduous forests. Geoscience and Man 13, 13-26.

［3］　Franklin JF（2005）Spatial pattern and ecosystem: reflections on current knowledge and future directions. In: Lovett GM, Turner MG, Jones CG, Weathers KC（eds）Ecosystem functions in heterogeneous landscapes. Springer, NY, pp. 427-441.

［4］　川合由加・工藤岳（2014）「大雪山国立公園における高山植生変化の現状と生物多様性への影響」．地球環境 19, 23-32.

［5］　Kerr JT, Pindar A, Galpern P et al.（2015）Climate change impacts on bumblebees converge across continents. Science 349, 177-180.

［6］　Mayr E（1942）Systematics and the origin of species. Columbia University Press, New York.

［7］　Velland M（2016）The theory of ecological communities. Princeton University Press, Princeton（松岡俊将・辰巳晋一・北川涼・門脇浩明訳（2019）『生物群集の理論―4つのルールで読み解く生物多様性』共立出版）

［8］　Woese CR, Kandler O, Wheelis ML（1990）Towards a natural system of organisms: proposal for the domains Archaea, Bacteria, and Eucarya. Proceedings of the National Academy of Sciences of the United States of America. 87（12）: 4576–4579.

レポート課題

問 1．　生物の定義について論じてください。

問 2．　ウイルスは生物であるか論じてください。

問 3．　ある集団の遺伝的多様性が低下すると、どのようなことが生じやすくなるか述べてください。

問 4．　多種共存を説明するモデルにはどのようなものがあるか、また、それぞれのモデルの特徴を説明してください。

問 5．　人間の活動が生態系の物質循環に与える影響について説明してください。

問 6．　生物多様性は保全すべきか否か、またその理由を述べてください。

小テスト

問　次の各文章中の空欄①〜⑦に入る最も適切な語句を答えてください。同じ番号の空欄には同じ語句が入ります。

⑴　生物は生育に必要とする栄養素に応じて、無機物を摂取して有機物を合成する【　①　】生物と、その生物の体外に存在する有機物を摂取する【　②　】生物に大別できます。生態系内の物質循環系において【　①　】

生物は【 ③ 】、【 ② 】生物は【 ④ 】とよばれます。

(2) 遺伝子の多様性に影響する要因の1つとして【 ⑤ 】があります。【 ⑤ 】は偶然性による対立遺伝子頻度の変動のことであり、個体数が少ない個体集団でその効果が大きくなります。

(3) 種の多様性を創出する【 ⑥ 】は、単一種の集団間において生殖的隔離が生じて新たな種が生じることです。

(4) 生態系とは、生物やそれを取り巻く物理化学的環境とそれらの【 ⑦ 】を1つの統合的なシステムとみなしたものです。

4 　生物多様性の保全と持続的利用を目指して 【自然科学②】

● 日本列島の自然環境と生物多様性

　日本列島は地球の長い歴史の中で、大陸からの陸地の分断、南方からプレート運動によって移動してきた島々との衝突、火山活動による新たな島々の誕生、そして、氷期には大陸と接続し、間氷期に大陸から再び切り離されるというように、様々な変動を経て現在の姿となりました。南北に長く、狭い面積ながら複雑な地形・地質をなし、豊富な降水量や、四季のある気象条件の中で、日本列島では多様な自然環境が形成されました。特に、火山の噴火や河川の氾濫などによる攪乱や、農林水産業などの人の営みは、日本列島の自然環境に大きな影響を与えてきました。このような、自然現象と人間の活動が複雑に作用しあって、日本列島には様々な生態系が見られるようになりました。とりわけ、日本列島の陸地面積はおよそ 37 万 km^2 ですが、これとほぼ同じ面積のドイツ（約 35 万 km^2）やベトナム（約 33 万 km^2）と比較すると、日本列島では森林率が 68% であるのに対し、ドイツでは 31%、ベトナムでは 33% となっており、日本列島がいかに豊かな森林に覆われているか、ということがわかります。

　森林だけではなく、草原、農耕地、湿原、湖沼、海岸、サンゴ礁などの多様な生態系のもとで、日本列島では維管束植物（被子植物、ソテツやアカマツなどの裸子植物、シダ植物）が 7,000 種以上、蘚苔類（コケ植物）が 1,500 種以上、菌類（きのこ、カビ、酵母など）が 13,000 種以上、脊椎動物（哺乳類、鳥類、両生・爬虫類、魚類）が 1,000 種以上、そして昆虫類が 10 万種ほど記録されており、豊富な生物相をなしています。このような日本列島の生物相の特徴として重要なのは、固有種の割合が高いことです。固有種とは、特定の地域だけに限って生活する種のことで、日本という国だけに分布する種は「日本固有種」、小笠原諸島だけに分布する種は「小笠原諸島固有種」と呼ぶなど、地域の範囲はさまざまにとられます。日本固有種は、これまでに解明されているだけで、陸上性の哺乳類や維管束植物では全体の約 4 割、両生・爬虫類では約 8 割にの

ぼり、特に琉球列島、伊豆諸島、小笠原諸島などの島嶼地域、大雪山や日本ア
ルプスなどの高山帯、そして尾瀬ヶ原や琵琶湖のような、古い時代から周囲と
隔離され続けた環境で、多くの固有種が生活しています。コンサベーション・
インターナショナルという国際的な非営利組織は、「世界の生物多様性ホット
スポット」を選定してきましたが、これまでに指定された36地域のうち、日
本列島は多様な生物相と固有種の豊富さから、全体としてそのひとつに数えら
れています。人口密度の高い先進的な工業国で、国土の全域にわたって生物多
様性ホットスポットに認定されているのは日本だけです（岩槻・太田2022）。

● 日本列島の生物多様性が直面する4つの危機

　長い時間の中で形成されてきた日本列島の豊かな生物多様性は、現在、4つ
の危機に直面しています。第1の危機は、開発や乱獲による種の減少・絶滅や、
生息・生育適地の減少です。たとえば、イタチ科の哺乳類であるニホンカワウ
ソは、1979年以降、日本列島から姿を消し絶滅したと考えられています（吉
川ほか2017）。この原因として、良質な毛皮を狙った乱獲が進んだこと、河川
の護岸工事が進み生息適地が減少したこと、そして河川の水質汚染により餌と
なる魚類や甲殻類などが減少したことが挙げられます。また、日本列島の沿岸
域、特に波浪の影響を受けにくい穏やかな入り江や湾内では、干潟と呼ばれる、
砂や泥が堆積した環境がかつて各地に見られました。干潟は、干潮時には干上
がり、満潮時は海面下に没する「潮間帯」と呼ばれる地帯で、河川が運搬した
砂や泥が堆積して形成されます。干潟には、河川から砂泥とともに豊富な栄養
分が供給されるため、魚類や甲殻類をはじめ、貝類やゴカイの仲間などの多様
な底生生物を育む環境となっています。そして、このような生物を餌とする渡
り鳥が休息地や越冬地として利用するなど、干潟は「生命のゆりかご」として
重要な役割を担ってきたのです。しかし、高度経済成長期には干潟が「役に立
たない土地」と考えられた結果、埋め立てが進み、日本列島全体の干潟のうち、
約4割がこの頃に消滅したと言われています（堤ほか2000）。

　第2の危機は、里地・里山などに手入れがなされなくなったことによる、自
然環境の「質の低下」です。里地・里山は、日本列島の陸地面積のうち約4割

を占めます（清水2013）。日本列島では、縄文時代以降、稲作を主とした農耕文化が確立していきますが、その過程で、農林水産業などの人間の営みとともに、水田、畑、ため池、ススキ草原、さらに雑木林やマツ林などの人工林からなる里地・里山の環境が成立し、今日まで維持されてきました。そして、このような自然環境に多様な生物が適応し、命をつないできました。人間は、こうした里地・里山の生物多様性から食料、燃料、肥料、建築材などの形で恵みを受けながら、それらを守り、伝えてきたのです。つまり、私たちの先祖は、生物多様性と上手に付き合いながら生活してきたと言えます。しかし、現代の人口減少や高齢化による里地・里山の管理形態の変化、すなわち水田や畑など耕作地の放棄、水路管理の放棄や、人工林の管理不足などにより、これらの環境が劣化し、そこに特有の生物が減少・絶滅したり、野生鳥獣と人間との軋轢が生まれたりするようになっています。皆さんも、メダカの仲間が絶滅危惧種に指定されたり（ミナミメダカが環境省のレッドリストで絶滅危惧Ⅱ類に指定されています）、イノシシやツキノワグマなどの野生動物が人家の近くに出没して、トラブルを引き起こしたりといった事例を、報道などで見聞きしたことがあるのではないでしょうか。

　第3の危機は、外来生物や化学物質などの持ち込みによる生態系の攪乱です。生物はもともと、新たな生息・生育地を求めて移動と分散を繰り返し、その過程で進化していきます。しかし、その生息・生育域は際限なく拡大するのではなく、地形・地質や気象条件などによる物理的制約をはじめ、個体の寿命や、生まれてから死亡するまでの過程、すなわち生活史など、生物種の持つ時間的な制約も受けます。一方で、人間活動により様々な生物が、これらの制約を受けずに多様な地域に移送されることで、本来の生息・生育地以外の場所で繁殖に成功し、定着するようになりました。これが外来生物の起源です。現在、日本列島では、様々な外来生物が在来の生物種や生態系に悪影響を与えているほか、人間社会にも被害を及ぼしています。河川や湖沼に放流されたオオクチバス（ブラックバス）が在来の淡水魚を捕食して駆逐したり、養殖場から逃げ出して定着したウシガエルが、他の両生類などと競合して生態系が攪乱されたりといった問題が、日本列島各地で起こっています。さらに、プラスチック製品の安定剤や防腐剤などとして用いられる有機スズ化合物が海水中に溶解すると、

食物連鎖の過程で海洋生物に移行して蓄積し、影響をもたらすことが知られています。たとえば、イボニシなどの貝類に有機スズ化合物が蓄積すると、生殖器異常を引き起こすことが明らかとなっています（Horiguchi et al. 1994）。

　そして、第4の危機は、地球温暖化などの気候変動によるものです。最近100年間の海水温の上昇は世界平均では約0.5℃ですが、九州や沖縄の周辺海域では0.7〜1.1℃となっており、世界平均を上回っています。1998年以降、沖縄周辺の海域ではサンゴの白化が確認されるようになりました（野島・岡本2008）。サンゴはイソギンチャクやクラゲなどに近縁で、刺胞動物に分類される動物ですが、その体内で褐虫藻という植物プランクトンが共生することで生活しています。ところが、サンゴが高水温にさらされると、褐虫藻がサンゴの体内から外界に出て行ってしまいます。褐虫藻がサンゴの体内からいなくなると、サンゴの白い骨格が透けて見えるようになり、これを「白化」と呼びます。白化したサンゴは栄養分を十分に得ることができなくなるため、そのまま褐虫藻が戻らないとサンゴは死滅します。サンゴの白化をもたらす原因として海水温の上昇が考えられており、九州・沖縄周辺の海域では、実際に高い海水温のもとでサンゴの白化が進行しています。このように、気候変動に伴う海水温や気温の上昇により、地球上の約20〜30%の生物種が絶滅の危機に瀕すると推測されています。

● 第6の大量絶滅時代

　これまでに述べたように、日本列島の豊かな生物多様性は様々な危機に直面しています。このような危機は、日本列島だけでなく地球規模でも顕在化しています。地球の長い歴史を振り返ると、これまでに5回、生物の大量絶滅が起こりました。もっとも有名なのは、大型隕石の衝突により引き起こされたと推測される、中生代白亜紀末（約6,500万年前）の大量絶滅です。この時に、恐竜が絶滅したと考えられています。白亜紀末までに地球上で発生した5回の生物の大量絶滅は、すべて火山活動や隕石の衝突など、自然現象によるものです。一方、現代は「第6の大量絶滅時代」と呼ばれています。生物種の絶滅速度は、ここ100年ほどで約1,000倍に加速しており、将来的にはさらに拡大するとの

予測がなされています（Millennium Ecosystem Assessment 2005）。そして、これをもたらす要因は人間社会の活動であると考えられています。つまり、私たち人間の営みが、これまでの地球史上経験のない速度で、生物の危機的な大量絶滅を引き起こしている、と考えられるのです。

　それでは、「第6の大量絶滅時代」を生きる私たちは、生物多様性を保全し、今後も生物多様性から持続的な形で恵みを享受していくために、どのような取り組みを始めているのでしょうか。以下では、「レッドリスト」と「レッドデータブック」について、そして「ジオパーク」の活動について紹介します。

● レッドリストとレッドデータブック

　生物多様性を保全し、持続的な利用を図るためには、まず、現時点で生物多様性がどのような状態にあるかを知ることが重要です。生物多様性全体の現状や問題点を把握し、その変動を的確に診断するために、絶滅のおそれのある生物種の情報を蓄積することが、世界共通の共同作業として進められています。その1つが、1950年代から始まった、国際自然保護連合（IUCN）によるレッドリスト作成の作業です。レッドリストは、絶滅のおそれのある生物種について、専門家による科学的・客観的な評価を取りまとめた基礎的な資料です。日本でもIUCNの動きを受け、1970年代からレッドリスト作成の機運が高まり、環境省（当時は環境庁）による初版のレッドリスト（動物のみ）は1991年度に公表されました。2000年度までには植物を含む第二次レッドリストが公表され、その後現在に至るまで、環境省のレッドリストは改訂や随時見直しが行われ、更新され続けています（岩槻・太田2022）。

　2020年に公表された環境省のレッドリストには、合計5,748種の生物が収録されています。一口に絶滅のおそれのある種といっても、そこにはいくつかのカテゴリーが存在します（表1）。一般的に「絶滅危惧種」と呼ばれるのは、「絶滅危惧IA類」、「絶滅危惧IB類」、「絶滅危惧II類」などとして判定されている種です。これらを合わせると、2020年に絶滅危惧種として環境省のレッドリストに掲載されたのは3,716種です（岩槻・太田2022）。代表的な絶滅危惧種として、イリオモテヤマネコ（絶滅危惧IA類）、ニホンウナギ（絶滅危惧IB

絶滅（EX）	我が国ではすでに絶滅したと考えられる種
野生絶滅（EW）	飼育・栽培下あるいは自然分布域の明らかに外側で野生化した状態でのみ存続している種
絶滅危惧Ⅰ類 （CR+EN）※	絶滅の危機に瀕している種
絶滅危惧ⅠA類 【Critically Endangered（CR）】※	ごく近い将来における野生での絶滅の危険性が極めて高いもの
絶滅危惧ⅠB類 【Endangered（EN）】※	ⅠA類ほどではないが、近い将来における野生での絶滅の危険性が高いもの
絶滅危惧Ⅱ類 【Vulnerable（VU）】	絶滅の危険が増大している種
準絶滅危惧（NT）	現時点での絶滅危険度は小さいが、生息条件の変化によっては「絶滅危惧」に移行する可能性のある種
情報不足（DD）	評価するだけの情報が不足している種
絶滅のおそれのある 地域個体群（LP）	地域的に孤立している個体群で、絶滅のおそれが高いもの

※一般的に「絶滅危惧種」と呼ばれるカテゴリー

表1　環境省が設定しているレッドリストのカテゴリー（2022年現在）
（出典：岩槻・太田 2022 より筆者作成）

動物	哺乳類
	鳥類
	両生類・爬虫類
	汽水・淡水魚類
	昆虫類
	陸・淡水産貝類
	クモ形類・甲殻類等（その他無脊椎動物）
植物	維管束植物
	蘚苔類
	藻類
	地衣類
	菌類
海洋生物	魚類
	サンゴ類
	甲殻類
	軟体動物（頭足類）
	その他無脊椎動物

表2　環境省のレッドリストで評価対象としている分類群（2021年現在）
（出典：杉田ほか 2021 より筆者作成）

類）やアホウドリ（絶滅危惧II類）などが挙げられます。なお、レッドリストは日本に分布するすべての生物群を評価対象にしているわけではありません（表2）。そもそも、多様性の解明が進んでおらず、基盤的な知見が不足している微生物や小型の無脊椎動物などの中には、レッドリストの評価対象となっていない分類群もあります。

　レッドリストはあくまでも、絶滅のおそれのある種を列挙したリストです。これらの生息・生育状況などの情報を解説したものが「レッドデータブック」です。絶滅のおそれのある生物種の情報を一般に公開し、理解を広め、生物多様性保全への意識を高めるためには、レッドデータブックが大きな役割を果たしています。また、レッドリストやレッドデータブック自体は法的な拘束力を持ちませんが、保全上重要な種は何なのか、また、どうしたら保全できるのか、といった、生物種の保全を図る上での最も基礎的な資料として活用されています。特に、環境アセスメントの現場では、開発と生物多様性の保全にどのように折り合いをつけて事業を進めるか、と検討する場面などで活用されています。

● 生物多様性とジオパーク

　皆さんはジオパークという言葉を聞いたことがあるでしょうか。ジオは地質あるいは大地のことを、パークは公園を指しますので、直訳すると「地質の公園」、または「大地の公園」となるでしょうか。もともと、ジオパークの構想は国連教育科学文化機関（ユネスコ）の世界遺産を発端とし、2004年に、ユネスコの支援により、国際的な非営利組織である世界ジオパークネットワークが設立され、本格的なジオパークの活動が始まりました。世界遺産は、条約（世界の文化遺産及び自然遺産の保護に関する条約）に基づいて保護と保全を重要視するのに対して、ジオパークは保全と持続的な活用の両方を重視する点が異なります。その後、世界各国でジオパークへの関心が高まりつつあることを受け、2015年の第38回ユネスコ総会で「ユネスコ世界ジオパーク」として、ユネスコの「国際地質科学ジオパーク計画」に基づく正式事業となりました（尾池2016）。

　日本では、2008年5月に日本ジオパーク委員会が発足し、国内におけるジ

オパークの活動が始まりました。北海道の「洞爺湖有珠山」、「アポイ岳」、新潟県の「糸魚川」、長野県の「南アルプス（中央構造線エリア）」、京都府・兵庫県・鳥取県にまたがる「山陰海岸」、高知県の「室戸」、そして長崎県の「島原半島」の7地域が、2008年12月に日本での初めてのジオパークとして認定されました（渡辺2011）。2022年5月現在では、46地域が日本ジオパークに認定されています。これらのうち、「洞爺湖有珠山」（北海道）、「糸魚川」（新潟県）、「伊豆半島」（静岡県）、「阿蘇」（熊本県）など10地域は、ユネスコ世界ジオパークにも登録されています（2024年4月現在）。

　ジオパークは、地球科学的に意義のある場所や景観（ジオサイト）が、保全、教育、観光、持続可能な利用のすべてを含んだ、総合的な見方によって管理された地域です。ジオパークでは、優れた地形・地質や生態系などの「大地の遺産」を保全するとともに、それらを研究、教育普及や観光に活用し、地域の持続的発展に資することを目的として、様々な活動（ジオパーク活動）が行われています（図）。ジオパーク活動では、地形・地質、生物多様性や生態系、そして人々の暮らしの成り立ちおよび特徴から、その地域の過去の姿と移り変わりを知ることで、現在の私たちが未来の地球環境や地域社会に向けて、どのように行動していけばよいのか、という課題を考えることを重視します。地形・地質が、生物多様性・生態系や私たち人間の暮らしとどんな関係があるのか、

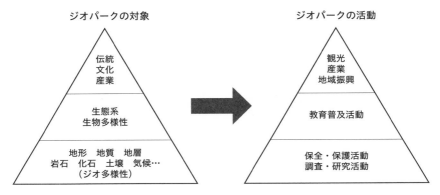

図　ジオパークの対象と活動（出典：筆者作成）

不思議に思われるかもしれませんが、現在の自然環境や生物多様性、そして人間社会は、地球の長い歴史や大地の変動の結果、形成されたものなのです。

　たとえば、千葉県の銚子ジオパークは、2011 年以降、12 年連続で日本一の年間水揚量を誇った銚子漁港を抱え、漁業や水産加工業が盛んな銚子市全域がエリアとなっています。銚子沖は南方から流れ込む暖流の黒潮（日本海流）と、北方から流入する寒流である親潮（千島海流）がぶつかり、さらには利根川河口から太平洋に供給される淡水の影響を受けて、栄養分が豊富で世界屈指の好漁場となっています。海流の向きや変化、海底や沿岸の地形・地質、そして利根川の成り立ちといった地球科学的な要因が、銚子沖の豊かな生物多様性を育み、その結果、私たち人間がその恵みを受けて産業を発展させ、生活できるようになったのです。ジオパークを訪問すると、私たちを取り巻く生物多様性・生態系や地域社会の特性が、様々な時間スケールの中で、地域の地形・地質と複雑に関わりあいながら成り立ってきたということを、見学や体験を通じて実感できるでしょう。

● ジオパークで学ぶ生物多様性とジオ多様性

　生物多様性の定義には、遺伝子の多様性、種の多様性、生態系の多様性という３つの階層に加え、「景観の多様性」というさらに大きな概念を含めることもあります。景観の多様性とは、地形、地質、土壌や気候などを含めた非生物的環境と、森林、農耕地や海岸など、ある地域に存在する多様な生態系とを組み合わせた捉え方です。景観の多様性は生物多様性の３つの階層を支える基盤であり、非生物的環境から生物多様性が大きな影響を受けていることを示します。一方で、土壌に蓄積した生物の遺体や排泄物などの有機物は、菌類や細菌類といった分解者により無機化され、土壌中に還元されるように、土壌の化学成分をはじめとする非生物的環境条件も、周囲の生物多様性から少なからず影響を受けています。このように、生物多様性と、地形、地質や土壌といった非生物の多様性は密接に関係し、互いに作用しているのです。

　近年、地形、地質、土壌や気候などの非生物の多様性を包括する概念として、geodiversity（ジオ多様性）という用語が提唱されており（Gray 2004）、生物多

様性とともにジオ多様性を保全することが、ジオパーク活動のみならず、広く自然環境の保全を進める上でも重要な活動であると認識されつつあります（河本2011）。一方で、生物多様性の重要性とその保全という課題は、2015年の国連サミットで提唱されたSDGs（持続的な開発目標）にも示されているのに対し、ジオ多様性という概念やその保全の重要性、そして生物多様性とジオ多様性との関連性については、一般に理解が深まっているとは言い難い状況です。それでは、このような状況を克服し、生物多様性、さらにそれを取り巻くジオ多様性を総体として保全し、持続的な利用を目指すために、ジオパークは何ができるのでしょうか。

　ジオパークでは、地形・地質などの「大地の遺産」から地球の歴史や大地の成り立ちを読み取り、それらが地球上の生物多様性や人間社会とどのようにつながりあっているか、ということを知り、体験することができます（図）。これは、変動し続ける地球と自然環境の過去を振り返り、現状を知り、未来を考えることにつながります。ジオパークを訪問することは、生物多様性の保全、気候変動、水質汚染、資源開発など、私たちが抱える様々な環境問題について、私たちが現在、そして将来に向けてできることは何か、考えるきっかけとなるでしょう。特に、地形、地質、土壌、気候といったジオ多様性は、生物多様性と密接に関係しているため、生物多様性を保全し、持続的な利用を目指すためには、それを支えるジオ多様性も含めて考える必要があります。このことを社会に伝え、実践するために、ジオパーク活動は大きな意味を持つと考えます。

　ジオパーク活動では、食料供給や観光など、その地域のジオ多様性により育まれた生物多様性から私たちが享受する生態系サービスを「大地の恵み」として捉え、その保全と持続可能な利用を実現できるストーリーを構築することが重要です。たとえば、地域独自の食文化、生活習慣や産業を「大地の恵み」と位置づけ、それらと生物多様性・ジオ多様性を関連付けたストーリーを創出することで、ジオパークを特徴づける新たな切り口となるでしょう。こうしたストーリーをいくつもの視点で構築して、ジオパークを訪れた人々に魅力的に伝え、地域社会で実践することが、生物多様性・ジオ多様性の保全や、それらの持続的な利用の実現に向けて、ジオパークが担う大きな役割なのです。

参考文献

［1］ Gray, M.（2004）Geodiversity: Valuing and Conserving Abiotic Nature. John Wiley & Sons.

［2］ Horiguchi, T., Shiraishi, H., Shimizu, M., Morita, M.（1994）Imposex and organotin compounds in *Thais clavigera* and *T. bronni* in Japan. Journal of the Marine Biological Association of the United Kingdom 74: 651-659.

［3］ 岩槻邦男・太田英利（編）（2022）『環境省レッドリスト　日本の絶滅危惧生物図鑑』，丸善出版.

［4］ 河本大地（2011）「ジオツーリズムと地理学発「地域多様性」概念—「ジオ」の視点を持続的地域社会づくりに生かすために—」，地学雑誌 120: 775-785.

［5］ Millennium Ecosystem Assessment（2005）Ecosystems and Human Well-being- Synthesis: A Report of the Millennium Ecosystem Assessment. Island Press.

［6］ 野島哲・岡本峰雄（2008）「造礁サンゴの北上と白化」，日本水産学会誌 74: 884-888.

［7］ 尾池和夫（2016）「日本ジオパークの教育力とは何か」，地学雑誌 125: 785-794.

［8］ 清水裕之（2013）「広域景域の連接性把握のための里地里山連接帯—土地利用，自然植生度，区域区分，流域区分，ため池分布との比較—」，都市計画論文集 48: 1017-1022.

［9］ 杉田典正・海老原淳・細矢剛・神保宇嗣・中江雅典・遊川知久（2021）「日本の絶滅危惧生物標本の所在把握と保全への活用」，保全生態学研究 26: 229-247.

［10］ 堤裕昭・竹口知江・丸山渉・中原康智（2000）「アサリの生産量が激減した後の緑川河口干潟に生息する底生生物群集の季節変化」，日本ベントス学会誌 55: 1-8.

［11］ 渡辺真人（2011）「世界ジオパークネットワークと日本のジオパーク」，地学雑誌 120: 733-742.

［12］ 吉川琴子・谷地森秀二・加藤元海（2017）「日本で最後の生存記録となったニホンカワウソ個体に関する目撃情報の整理」，哺乳類科学 57: 329-336.

コラム　里地・里山の自然と生物多様性：慶應義塾日吉キャンパスの事例

　日本列島の生物多様性を特徴づける、独特な自然環境の1つが「里地・里山」です。しかし、人々の生活様式の変化や都市化に伴う開発などにより、里地・里山の生物多様性は今日では危機的な状況に直面しています。そのような中で、都市化が急速に進んだ地域でも、今なお里地・里山の自然や生物多様性が維持されている事例として、筆者が勤務する慶應義塾日吉キャンパスを紹介します。

　慶應義塾日吉キャンパスは、神奈川県横浜市の北部、多摩丘陵の北東の縁に位置し、鶴見川低地にせり出す日吉台地の上にあります。日吉キャンパスの東半分は、「まむし谷」と呼ばれます。まむし谷は、日吉台地が長い時間をかけて侵食されてつくられた谷で、谷底は湧水が流れ、雨水が溜まりこむ集水域となっています。また、谷を取り巻く斜面には森林が発達しています。

　まむし谷とその周囲は、古くから人々の生活の場となってきました。谷底は水田として、また、斜面林は燃料用の薪を得たり、田畑の肥料にするための落ち葉や下草を得たりする雑木林として活用されてきました。その結果、まむし谷とその周囲には、

人間活動の影響を受けた里地・里山の生態系が成立し、多様な生物が命をつなぐようになりました。雑木林は、コナラやクヌギといった落葉広葉樹が主体の森林で、春は芽吹きに彩られ、夏は樹液にカブトムシやクワガタムシが集まり、秋にはドングリがなるような、日本の原風景ともいえる環境です。

　1934年、まむし谷を含む日吉台地に、慶應義塾日吉キャンパスが開設されました。それ以降、キャンパスの周囲は都市化が進展しましたが、まむし谷を中心としたキャンパス内には、現在でもなお広大な雑木林や湧水の流れる水辺などが残されています。これまでの調査で、キャンパス内には600種以上の動物、550種以上の植物、100種以上の菌類など、あわせて1,300種近い生物が分布することが明らかになっており、大都市にあって、里地・里山の生物多様性が維持された貴重な環境となっています。

　現在、日々の授業や課外活動で日吉キャンパスの自然環境が活用され、また保全の取り組みも進んでいます。特に、雑木林の保全には、下草刈り、樹木の枝打ち、老齢木の伐採、そして植樹といった、人の手による持続的な管理が欠かせません。こうした取り組みを、授業や課外活動を通して学生や教職員が実践することで、キャンパス内に広がる里地・里山の生物多様性の保全につながるのです。

レポート課題

問　日本列島の自然環境が長い時間をかけて育んできた生物多様性は、現在、4つの危機に直面しています。この4つの危機とはどのようなものか簡潔にまとめるとともに、それらの危機に対して私たちはどう対処すればよいのか、あなたの考えも交えながら説明してください。

小テスト

問　次の文章中の空欄①〜⑥に入る最も適切な語句を答えてください。同じ番号の空欄には同じ語句が入ります。

　生物と環境は互いに影響を与えあいながら、恒常性を維持しています。生物多様性は【　①　】の多様性、種の多様性、生態系の多様性に加えて、【　②　】の多様性という概念を含めることもあり、これらは周囲の地形、地質、土壌、気候などを含めた【　③　】から大きな影響を受けています。一方で、土壌に蓄積された生物の遺体や排泄物などの有機物は、菌類や細菌類といった【　④　】に

より無機化されるように、土壌の化学成分をはじめとする【　③　】条件も、周囲の生物多様性から少なからず影響を受けています。このように、生物多様性と、地形、地質、土壌や気候などの多様性は互いに影響し合っています。近年、地形、地質、土壌や気候などの多様性を包括する概念として、【　⑤　】という用語が提唱されており、生物多様性とともに【　⑤　】を保全することが、自然環境の保全を進める上でも重要な活動であると認識されるようになってきました。このような活動を実践する場として、【　⑥　】が挙げられます。

地球の宝～南北両極地～をゆく

　北極や南極と聞いて思い浮かぶイメージはどのようなものでしょうか。凍てつく寒さ、真っ白な世界、猛吹雪、はたまた、夜空を怪しく彩るオーロラでしょうか？　いずれも合っています。そのイメージに、たくましく生きる素晴らしい生き物たちを加えると、ぐっと実像に近づきます。限られた紙面ですけれど、極地（ここでは北極と南極）と彼の地に暮らす生き物たちを紹介します。

　なぜ地球に極地、つまりとても寒い場所があるのでしょうか。地球の高緯度帯では太陽が高く昇りません。斜めに差す朝・夕の太陽光が柔らかいのと同じく、高緯度帯では太陽から届く面積あたりのエネルギーが少なくて温度が上がりません。大気が暖かい地域の熱を極地へと運ぶために宇宙空間のような極低温にはなりませんが、それでも概して氷点下の極地は雪氷の世界となります。雪氷は白いですね。白く見えるのは、雪氷が可視光全体を反射するからです。太陽光の主成分は可視光のため、雪氷に覆われた地表は更に温まりにくくなります。また、地軸は公転面に対して23.4度傾いていて、地球はこの状態のまま太陽を周っています。その結果、高緯度帯では太陽が沈まない夏（白夜）と太陽が昇らない冬（極夜）が訪れます。北極島嶼や南極大陸沿岸部では、短い夏の間に雪氷が融けて地表が露出する場所があります。極地の陸域は、気温が低く、降水量が少なく（極地の降水量は砂漠並みに少ないのです）、栄養条件も乏しいために生物生産（生物が有機物を作り出す能力）が低いのですが、海洋はもっと暖かく（何しろ莫大な量の海水がありますから）、陸域や海流が運ぶ栄養が豊富で、世界有数の生物生産を誇ります。海鳥や一部の陸生哺乳類もまた豊かな海洋生態系から餌を得て生きています。

　では、北極の海に浮かぶスバールバル諸島に行ってみましょう（図）。スバールバルは、ノルウェーの北、北緯76°～81°の範囲に位置します。大小多数の島から構成され、全体で四国と九州を足したぐらいの大きさです。最も大きな島はスピッツベルゲン島です。遠い彼方に思える北極ですけれど、空路が整っているスバールバルは日本からのアクセスが比較的容易です。スバールバルは16世紀末にオランダのウィレム・バレンツによって発見されました。ただし、それ以前に到達した人がいた可能性はあります。当初は捕鯨基地として散発的に利用され、19世紀から領有権が議論されるようになりました。歴史の詳細は割愛しますが、20世紀初期に石炭鉱床が発見

され、領有権が経済を含む大きな問題となったことから、1920年にスバールバル条約が結ばれました（1925年発効）。同条約は、ノルウェーの主権主張を認めるとともに、この地を非武装地帯とし、条約締結国の自由な経済活動を認めるというものです。日本も原加盟国の1つです。実質的に諸島内で経済活動を行っている国はノルウェーとロシアのみですが（バレンツブルクというロシア人の集落があります）玄関口となるロングイヤービンという町にはかつてお寿司屋さんがありました。ロングイヤービンには世界最北の大学（UNIS）もあり、そこから北西に約110kmのニーオルスンは国際研究拠点として整備されています。日本の国立極地研究所も1991年にニーオルスン基地を開設しました。

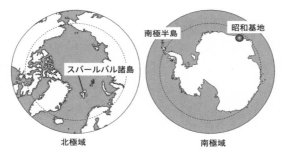

図　北極（左）は地中海、南極（右）は大陸

　暖流の影響を受けるスバールバル諸島の西側は比較的温暖であり、夏には地表が露出する箇所が多く、日本の高山植物帯のような植生がみられます。地衣類・コケ類に加えて高等植物の群落もあります。代表種であるキョクチヤナギはスバールバルの木とされています。ヤナギの仲間ですが、葉は円形で指の爪ぐらいの大きさ、背丈は10cmに満たないほどです。それでも百年単位で生きています。定住する動物はスバールバルトナカイ、ホッキョクギツネ、スバールバルライチョウなど。短い夏の間には様々な鳥が営巣のために訪れます。典型的にはガンカモ類や海鳥たちです。特に印象深いのはキョクアジサシでしょう。世界で最も長距離を旅する鳥であり、北半球の夏には北極にいて、北半球の冬には南極周辺部にいます。この地に暮らす素晴らしい生き物たちを知って欲しくて、筆者はホッキョクギツネを主人公とした小説『薫風のトゥーレ』（幻冬舎）を書きました。

　北極を代表する動物は？　と問えば、ホッキョクグマ（シロクマ）と答える方が多いことでしょう。ホッキョクグマは、クマなのにクジラ類やアザラシ類と同じ海生動

物として扱われます。学名の *Ursus maritimus* も「海のクマ」の意です。これは、ホッキョクグマの餌が主にアザラシ類であり、基本的に海（氷）の上にいることによります。夏に海氷が無くなる地域のクマや出産のために巣ごもりする雌グマを除き、陸地に寄りつかない獣です。ところが、温暖化による海氷の縮退が著しい現在、餌を求めるクマが陸に上がるようになりました。スバールバルでも近年遭遇率が増しており、人とのトラブルが頻発しています。陸に上がっても本来の餌であるアザラシは（ほぼ）いません。代わりに営巣中の鳥の卵までも食べてしまいます。脂肪に富む餌になれたホッキョクグマにとって、卵は体に合わない餌ですし、量としても足りません。巨体のクマに次々と卵を食べられてしまう鳥たちにも大変な災難です。

　今度は北極の対蹠地、南極に行ってみましょう（図）。どうすれば南極に行けるのでしょうか。南極半島周辺の観光ツアーが1つの選択肢です。日本の国家プロジェクトである南極地域観測隊や他国の同様な調査隊に参加するのも一手です。日本の観測隊の参加者は毎年公募しており、様々な職種にチャンスがあります。観測隊は大まかに夏隊と越冬隊に分かれます。ある年の夏隊・越冬隊はともに南緯69°に位置する昭和基地を中心とするエリアに赴き、短い夏の任務を終えた後に、夏隊は前年の越冬隊と一緒に帰路につきます。

　南極大陸の発見は19世紀初期です。南極では、オーストラリアの約2倍という大きな大陸が中心にあります。比較的暖かい海洋の熱を受け取れない南極大陸は冷えやすく、地球の最低気温の記録は南極のボストーク基地で観測された氷点下89.2℃です。このように過酷な環境のため、南極点への到達はもちろん、海氷に覆われる周縁部の探検も大変に困難なことでした。人類初の南極点到達を争ったノルウェーのロアール・アムンセンとイギリスのロバート・スコットのドラマをご存知の方も多いでしょう。南極はまた、多くの国々が領有権を主張する地でもあります。大陸の地図に、まるで巨大なピザをカットするかのように線を引こうとしたのです。この領有権は、1959年に結ばれた南極条約（1961年発効）によって凍結されています。あくまで凍結であって、将来に何が起こるかは未知数です。同条約では南極の平和利用および科学的調査の自由と国際協力なども謳われています。

　南極大陸のほとんどは氷で覆われていますが、沿岸部には夏に雪氷が消失する場所（露岩域）があります。昭和基地周辺の露岩域は、遠目には岩と湖と雪氷ばかりで生き物を感じさせません。それでも、海鳥の営巣に伴い海からもたらされる栄養塩（窒素やリン）を巧みに用いて、地衣類やコケ類が生きています。一方、露岩域の湖に潜

ると、湖底は水生コケを主とした緑のマットで覆われています。これらの湖には動物性プランクトンがおらず、コケが生態系の頂点にいるのです。南極と言えばペンギンが思い浮かぶかも知れません。ペンギンのうち南極大陸に通年生息しているのはアデリーペンギンとコウテイペンギンの２種です。ペンギンの他にも素晴らしい鳥たちがいます。真っ白なシロフルマカモメ（ユキドリ）、ナンキョクオオトウゾクカモメ、アシナガウミツバメが、短い夏の間に露岩域で営巣します。ウェッデルアザラシやナンキョクオットセイも露岩域の浜辺に上がることがあります。

　私たちは遠い極地にも大きな影響を与え続けてきました。本来、ペンギンとは別の鳥の名前でした。北極にいたオオウミガラスこそ、ペンギンと呼ばれた鳥だったのです。空を飛べず、警戒心のないこの鳥を絶やしたのは私たちです。とても沢山いたのに取り尽くしたのです。最初は簡単に手に入る食料として、個体数が大きく減り希少性が増すと高価に取引されるようになって益々熱心に捕獲されるようになり、ついに絶滅しました。最後の個体は卵を抱えていたそうです。あまりにも悲しい話です。近年は温暖化による雪氷の減少が両極地ともに著しく進んでいます。2009 年から調査で訪れているスバールバルの東ブレッガー氷河は 10 年で厚みを大きく失い、末端は山へと後退を続けています。氷が融けて残る土砂は氷の融解を一層促進し、融けた水は氷河の上を流れる川となって氷を削り融かし、非常な勢いで氷河は死につつあります。南極大陸で営巣するアデリーペンギンは、海氷の開き具合によってルッカリー（営巣地）から餌場となる海への距離、つまり餌の取りやすさが変わるため、毎年の海氷の状況が繁殖成功率に大きく影響します。海氷の不安定化はアデリーペンギンの将来に大きなリスクをもたらします。私たちは極地のことをもっと知るべきです。それは、かつてあった世界を記録するためではありません。極地とそこに暮らす生き物という地球の宝を後世に遺す猶予がまだあるうちに、その実現に向けて動き出すためです。

（林健太郎）

第3章

気候変動と温暖化対策

1　国際社会の合意形成と日本の取組み【法学】

● 地球規模の問題

　地球上では、太陽の動きによって、暑くなったり寒くなったりします。季節に変化があり、同じ季節でも年によって気象が異なります。気象は常に変化しているのです。しかし、このごろは、台風、ハリケーンがいままでにないような規模に発達することが多くなりました。世界中で洪水が発生し、深刻な被害が出ています。変化をくり返す大気の現象を長い期間で平均的にみたものを「気候」といいますが、いま、地球の歴史が始まって以来の、大きく激しい気候の変動が起きているのです。

　もともと地球は気温が低すぎて、人類が住めなかったといわれています。だんだんと暖かく気候が落ち着くようになり、人類が住める環境になってきました。暖かくなることが、人類の生存にとってよい環境をつくり出してきたのです。ところが最近は、人間の活動が大規模かつ広範囲に及んできた結果、気候変動がきわめて大きく激しくなっています。人間の活動とは無関係に生じている地球全体の変化——たとえば、海流や海水温など海洋の変動、太陽活動の変動——に加えて、人間が活動しているために生じている変化が無視できないものになってきているのです。

　気候変動の問題は、1990年に発表されたIPCC第1次評価報告書をきっかけに、国際社会において広く認識されるようになりました。同報告書は、おおむね次のことを指摘しています。

　○　人間活動に伴う排出によって、温室効果ガスの大気中の濃度は確実に増加（産業革命前と比べて二酸化炭素換算で50%増加）しており、このため、地球上の温室効果が増大している。

　○　過去100年間に、地球全体の地上気温は0.3〜0.6℃上昇し、海面水位は10〜20cm上昇した。（特段の対策がとられない場合）21世紀末までに、地上気温

は約1～3℃、海面水位は35～65cm（最大1m）の上昇が予測される。

○　ただし、気候変動に関するIPCCの知見は十分とはいえず、気候変動の時期、
規模、地域パターンを中心としたその予測には多くの不確実性がある。

このように、人間の活動が地球の気候に影響を与えているというデータが示
される一方で、この報告書が取りまとめられた当時はまだ、科学的な知見が十
分に蓄積していないため不確実性がある——気候変動が起きるとわかっている
が、具体的にどのような気候変動が起きるのかを確実に予測することは難しい
——と書かれています。

ところで、この報告書を発表したIPCCとは、国連環境計画（UNEP）と世界
気象機関（WMO）によって1988年に設立された「気候変動に関する政府間パ
ネル」（Intergovernmental Panel on Climate Change）のことです。総会の下に、3
つの作業部会と1つのタスクフォースが置かれています。第1作業部会は、気
候変動の自然科学的な根拠について、第2作業部会は、気候変動がもたらす社
会経済および自然への影響と、気候変動への適応策について、第3作業部会は、
温室効果ガスの排出削減などの気候変動の緩和策について評価します。そして、
タスクフォースは、温室効果ガス排出量・吸収量の国別目録（Inventory）を作
成するための手法を策定します。科学誌に掲載された論文などに基づいて、世
界中の科学者が協力して評価した気候変動に関する最新の科学的知見は、各国
の政策に活かされます。

● 人びとの暮らしと温室効果ガス

温室効果ガスには、二酸化炭素、メタン、フロン類などがあります。二酸化
炭素を基準として他の温室効果ガスが地球温暖化に与える能力をあらわした温
暖化係数（Global Warming Potential：GWP）は、メタンの場合、二酸化炭素の約
25倍、フロン類の場合は数千倍から1万倍もあります。温暖化係数が高いメ
タンやフロン類は、少量でも地球温暖化に影響を及ぼしますが、二酸化炭素も、
温暖化係数が低いとはいえ、存在量が圧倒的に多いために、気候変動・温暖化
を議論するときはきわめて重要になります。

　温室効果ガスが増えはじめた時期は、いわゆる産業革命のころです。18世紀半ばの西ヨーロッパ、特に英国で、二酸化炭素の排出量が急激に増加しました。その後、各国で重工業化が進み、石炭や石油などの天然資源を燃やしてエネルギーを生み出し、機械を稼働させて効率的な生産活動をするようになり、温室効果ガスも増え続けました。いまや、このままでは人類が地球上で生活することができなくなるかもしれない、というところにきています。

　温室効果ガスの原因は、工業化だけではありません。人々の生活も、温室効果ガスを排出します。主に熱帯地域の国々で行われている焼畑農業を考えてみましょう。森林は、特に若いうちは二酸化炭素を吸収します。ところが、焼畑農業は、森林を燃やすことで二酸化炭素を増やしてしまうだけでなく、二酸化炭素の吸収源を減らすことにもなります。二重の意味で、温室効果ガスを増やしてしまうのです。

　森林がなくなることが問題になるだけでなく、森林を伐採したところで牛や羊などの家畜を飼育することが、温暖化をさらに加速させることもあります。家畜を飼育するためには、大量の水や飼料が必要ですから、それだけ環境に負荷を与えることになります。また、家畜の排泄物やゲップには、温暖化係数が高いメタンが含まれています。人間の食生活も温暖化と密接に結びついた関係にあるのです。

　食料増産のために森林を伐採して農地にしたり、家畜を飼育したりすること以外にも、温室効果ガスが排出される原因があります。快適に暮らしたいと思う人間の欲求から、エアコンが発明され、またたく間に世界中に普及しています。エアコンは人工的に空気を冷やすために、冷媒を必要とします。一般的な冷媒として、かつてはフロンが使われました。ところが、フロンが大気中に放出されると、オゾン層を破壊することがわかってきました。オゾン層の破壊は、紫外線が地表に直接入ってくることを意味し、人間の皮膚に強い影響を与えます。そこで、フロンに代わる冷媒として、ハイドロフルオロカーボン類などのいわゆる「代替フロン」を使うようになりました。しかし、代替フロンはオゾン層を破壊しないものの、温暖化に深刻な影響を与える温室効果ガスでした。エアコンを廃棄するとき、そのまま大気中に代替フロンが放出されると、全体として量がわずかであったとしても、温暖化係数が非常に高いために、問題が

大きいのです。

● 気候変動枠組条約

　大気は地球をまわります。気候変動・温暖化と無関係でいられる国などあり
ません。しかし、産業の発展段階で温室効果ガスの排出量が増えることからも
想像できるように、産業の発展が一段落した国と、これから産業を発展させた
い国、つまり温室効果ガスの排出量も増えることが見込まれる国との間で、利
害が対立しやすい問題でもあるのです。

　IPCC第1次評価報告書を受けて、1992年5月には国連気候変動枠組条約
（United Nations Framework Convention on Climate Change：UNFCCC）が採択され
ました。同年6月にブラジル・リオデジャネイロで開催された「環境と開発に
関する国連会議」（リオ・サミット、地球サミット）の場で署名が始まり、1994
年3月に発効しました。締約国──条約に署名し、その内容を最終的に同意す
るための手続（批准）をした国──は現在、198の国・機関に上ります。

　気候変動枠組条約は、気候変動とは「地球の大気の組成を変化させる人間活
動に直接または間接に起因する気候の変化であって、比較可能な期間において
観測される気候の自然な変動に対して追加的に生ずるもの」であると定義しま
した。そして、同条約は、「気候系に対して危険な人為的干渉を及ぼすことと
ならない水準において大気中の温室効果ガスの濃度を安定化させること」が
「究極的な目的」であると定めました。人間の活動が気候変動の原因である、
温室効果ガスの排出抑制が目的であると明記することで、国際社会は、気候変
動に一致して取り組む姿勢を約束したのです。

　気候変動枠組条約は、国際社会が気候変動に対処するにあたっての基本的な
指針として、①予防原則、②持続可能性、③衡平性を掲げています。

　①予防原則とは、深刻で、不可逆な──いちど状態が変化すると、再び元の
状態には戻れない──損害のおそれがある場合には、たとえ詳細な科学的知見
が不十分であっても、対策を講じるべきである、という考え方です。何をする
ことが科学的に正しいかはまだわからないけれど、何もしなければ危険が現実
になるのだから、国際社会は行動に移すことが求められます。

②持続可能性とは、将来にわたって自然資源を利用し続けることができるようにする、という考え方です。自然資源には限りがあり、将来世代のニーズにも配慮しなければいけません。すべての締約国は開発を促進することが認められるべきであって、経済成長を続けることで、より一層、気候変動に取り組むことができます。人類と環境のつながりを切り離すことはできないのです。

③衡平性（equity）とは、それぞれに違いがあることを前提として、その違いに応じた異なる扱いをする、ひいては全体のバランスを保つ、という考え方です。先に述べたように、締約国の事情はさまざまで、経済発展の水準の違いが気候変動に及ぼした影響の度合いにあらわれ、また、気候変動に対処するための資金力、技術力の差にあらわれます。そこで、気候変動枠組条約は、「共通だが差異ある責任」（common but differentiated responsibilities：CBDR）を定めています。

すべての締約国は、自国について、気候変動を緩和するための措置と気候変動への適応を容易にするための措置を含む計画を作成し、実施することが求められます。これは「共通」の責任です。その一方で、締約国の事情に応じて責任に「差異」をつけるため、気候変動問題に対してどのように関与するかという観点から、締約国のカテゴリーが設けられました。「附属書Ⅰ国」は、温室効果ガスの削減に向けた施策の実施が義務づけられ、「附属書Ⅱ国」は、附属書Ⅰ国以外の締約国（非附属書Ⅰ国）に対する資金協力・技術支援が義務づけられます。日本は、附属書Ⅰ国・附属書Ⅱ国の両方のカテゴリーに含まれています。日本には、リーダーシップを発揮し、国際社会を先導することが期待されているのです。

● 京都議定書とパリ協定

気候変動枠組条約は、国際社会が気候変動に対処するための枠組みを定めた条約です。温室効果ガスの排出削減目標などの具体的な措置は、締約国会議（Conference of the Parties：COP）による個別合意に委ねられます。

1997年12月、第3回締約国会議（COP3）において京都議定書が採択されました。京都議定書は、附属書Ⅰ国に対して、一定期間（約束期間）内の温室

効果ガス排出削減を義務づけました。2008年から2012年までの第1約束期間
では、1990年時点の温室効果ガス排出量を基準として、日本は6%、米国は
7%、EUは8%を削減する、というものです。法的拘束力を伴った、具体的な
数値が示された点は意欲的でした。しかし、開発途上国には温室効果ガスの排
出削減義務が課されず（その中には、急激な経済発展を遂げる過程で温室効果ガス
の主要な排出国になりつつあった中国やインドも含まれていました）、また、米国
が政権交代を機に議定書から離脱したことなどから、日本は、2013年から
2020年までの第2約束期間には参加しませんでした。

　その後、京都議定書の第2約束期間が終了する2020年以降の国際的取組み
に関する交渉が行われ、2015年12月、第21回締約国会議（COP21）におい
てパリ協定が採択されました。パリ協定は、産業革命前からの気温上昇を2℃
よりも十分低く抑え、1.5℃に抑える努力を追求することを世界共通の長期目
標に掲げました。そのための方策として、(1) 各国はみずから温室効果ガスの
削減目標を作成・提出し、5年ごとにより踏み込んだ削減目標に更新すること、
(2) 各国が誓約（pledge）した削減目標は、第三者によって達成状況が評価
（review）されること、(3) 2023年から5年ごとに世界全体の進捗状況を確認
することとしました。

　パリ協定は、温室効果ガスの削減目標を各国が設定し、達成状況を公表する
ことを決めた一方で、それらを守れなかった場合のペナルティなどは規定して
いません。ペナルティが科される可能性を担保することによって各国の努力を
促すという発想が見られないのです。削減目標の設定も各国の自主性に委ねら
れています。目標値そのものをトップダウンで義務化しているわけではありま
せん。削減目標の達成状況をオープンにして透明性を高め、国際社会の関心が
向けられる中で、各国に対し、より一層の取組みを促すという、可視化（見え
る化）の仕掛けです。どの国であっても、気候変動の対策として温室効果ガス
の排出抑制は重要で、自主的・積極的に取り組むべき課題であるという認識を
共有することこそが、パリ協定の骨格になっているのです。パリ協定は、一部
の締約国による取組みに偏っていた京都議定書の反省点を踏まえ、すべての締
約国が参加する国際合意となりました。

	京都議定書（1997年）	パリ協定（2015年）
全体の目標	・気候変動枠組条約の究極目的（人為的起源の温室効果ガス排出を抑制し、大気中の濃度を安定化）を念頭に置く。	・産業革命前からの気温上昇を2℃よりも十分低く抑え、1.5℃に抑える努力を追求する。 ・21世紀後半に温室効果ガスの人為的な排出と吸収のバランスを達成するよう、世界の排出ピークをできるだけ早期に抑え、最新の科学に従って急激に削減する。
削減目標の設定	・先進国全体で5年間（2008年～2012年）に1990年比5％削減を目標とする。 ・先進国に法的拘束力のある排出削減目標を義務付ける（日本6％減、米国7％減、EU 8％減など）。	・すべての国に対して、各国が決定する削減目標の作成・維持・国内対策を義務付ける。 ・すべての国に対して、5年ごとに削減目標の提出・更新を義務付ける。
適応	（なし）	・適応の長期目標を設定する。 ・各国は適応計画プロセスや行動の実施、適応報告書の提出と定期的更新を行う。
途上国支援	・先進国に対して、途上国への資金支援を義務付ける（気候変動枠組条約に基づく）。	・先進国に対して、途上国への資金支援を義務付ける。 ・先進国以外の締約国に対しても、自主的な資金拠出を推奨する。

表1　京都議定書とパリ協定の違い

（出典：平成28年版環境・循環型社会・生物多様性白書より、一部改変して筆者作成）

● 地球温暖化対策推進法──日本における温暖化緩和策の基礎

　気候変動枠組条約や京都議定書、パリ協定は、国際合意です。それらの内容を日本国内において有効に実現するためには、国会の承認を得る必要があります（憲法73条3号）。加えて、多くの場合で、新しく法律をつくったり、元からある法律を改正したりすることとなります。日本では、1993年5月、気候変動枠組条約が国会で承認されました。京都議定書が採択された翌年の1998年には、「地球温暖化対策の推進に関する法律」、いわゆる地球温暖化対策推進法が制定されました。気候変動・温暖化に対する取組みの指針となる法律です。この法律の目的は、次のように定められています。

　地球温暖化対策推進法第1条

　　「この法律は、地球温暖化が地球全体の環境に深刻な影響を及ぼすものであり、気候系に対して危険な人為的干渉を及ぼすこととならない水準において大気中の温

室効果ガスの濃度を安定化させ地球温暖化を防止することが人類共通の課題であり、全ての者が自主的かつ積極的にこの課題に取り組むことが重要であることに鑑み、地球温暖化対策に関し、地球温暖化対策計画を策定するとともに、社会経済活動その他の活動による温室効果ガスの排出の量の削減等を促進するための措置を講ずること等により、地球温暖化対策の推進を図り、もって現在及び将来の国民の健康で文化的な生活の確保に寄与するとともに人類の福祉に貢献することを目的とする。」

　地球温暖化の防止が「人類共通の課題」であり、「全ての者が自主的かつ積極的に」取り組むべきことを立法事実（法律の必要性や合理性を根拠付ける社会的な事実）として明記しています。さらに、「現在及び将来の国民の健康で文化的な生活の確保に寄与する」ことのみならず、「人類の福祉に貢献すること」をも目的に掲げています。地球益までをも意識することで、ひいては日本の国益に資するという考え方を読み取ることができます。

　地球温暖化対策推進法は、これまで数次の改正を経ています。2021年の改正では、パリ協定の目標（産業革命前からの気温上昇を2℃よりも十分低く抑え、1.5℃に抑える努力を追求すること）や、「2050年カーボンニュートラル」の宣言（2050年までに脱炭素社会を実現すること）が基本理念に盛り込まれました。
　そして、基本理念の下で、国や地方公共団体、事業者や国民は、それぞれの役割を果たすこととなります。国は、総合的・計画的な地球温暖化対策を実施し、地方公共団体は、その区域内の温室効果ガス排出削減を推進します。事業者や国民は、社会経済活動に伴う温室効果ガス排出削減に努めるとともに、国・地方公共団体の施策に協力します。気候変動・温暖化は、社会のすべての構成員がその立場に応じて、当事者意識を持って取り組むべき課題なのです。
　それでは、地球温暖化対策推進法の主要な規定を確認しましょう。
　地球温暖化対策推進法第2条第1項は、「地球温暖化」について、「人の活動に伴って発生する温室効果ガスが大気中の温室効果ガスの濃度を増加させることにより、地球全体として、地表、大気及び海水の温度が追加的に上昇する現象をいう。」と定義し、さらに、「地球温暖化対策」について、「温室効果ガスの排出の量の削減並びに吸収作用の保全及び強化（……）その他の国際的に協

力して地球温暖化の防止を図るための施策をいう。」と定義します。

　先に紹介したように、IPCC第１次評価報告書は、気候変動に関する知見が十分とはいえず、科学的な不確実性が残っていると指摘していました。これに対して、地球温暖化対策推進法は、地球温暖化が人間活動に起因すること、その対策として温室効果ガスの排出抑制が必要であることを明確にしています（なお、2021年に発表されたIPCC第６次評価報告書は、人間活動が地球温暖化に影響を与えていることは"疑う余地がない"――unequivocal――と指摘しました）。また、これらの定義に関する規定から、地球温暖化対策推進法に定められた温暖化対策は、温室効果ガスの排出削減によって温暖化を抑止するという「緩和」（mitigation）の取組みであることがわかります。もう１つの温暖化対策である「適応」（adaptation）の取組みは、この法律の守備範囲とするところではなく、後述するように、別の法律によって手当てされます。

　地球温暖化対策推進法は温室効果ガスの排出削減を推進するための法律ですから、いかなる物質が「温室効果ガス」として排出削減の対象となるかを明確に定義しています（２条３項）。①二酸化炭素、②メタン、③一酸化二窒素、④ハイドロフルオロカーボン類、⑤パーフルオロカーボン類、⑥六ふっ化硫黄、⑦三ふっ化窒素の計７種類です（④と⑤の詳細は政令で定められます）。

　温室効果ガスの排出削減を推進するための具体的な手法は、温室効果ガス排出量の算定・報告・公表です。事業活動に伴って相当程度多く温室効果ガスを排出する者（特定排出者）は、毎年度、温室効果ガス算定排出量に関する情報を国に報告しなければなりません（26条１項）。報告された排出量は集計され、環境大臣および経済産業大臣によって公表されます（29条）。

　このような手法は、温室効果ガスの排出削減目標を具体的に定めたり、その目標達成を義務づけたりするものではありません。どのような事業者が、どれくらいの温室効果ガスを排出しているか、その経年の推移をも含めて可視化（見える化）する手法です。積極的な情報公開によって、投資家や消費者には多くの判断材料が示されます。環境をより良くするために努力し、それが客観的なデータにあらわれている事業者を市場（マーケット）は高く評価しますから、そういった事業者は投資家の資金を集めやすく、また、消費者に製品を購入してもらうことができます。他方で、環境をより良くすることに貢献してい

ない事業者は、市場から評価されません。地球温暖化対策推進法は、温室効果ガスの排出削減を国が強制するのではなく、透明性を高めるという情報の機能を活用し、市場の経済的な評価を介して、温室効果ガスの排出抑制に向けたインセンティブを与える仕組み（情報的手法）を採用したのです。

　苛烈な公害が発生し、重大な社会問題となっていた時代では、その原因を作った者に対して国が厳しく規制し、ときにペナルティを科すことが、環境をコントロールための現実的な仕組みでした。それに対して、地球温暖化対策推進法には、現代社会において、すべての人々が当事者となって政策に参画し、環境をコントロールするために主体的・積極的に取り組むべきである、という考えが基礎にあります。まさに、先に述べたとおりの、パリ協定が採用した世界各国の自主的取組みを促す仕掛けに通じるところがあります。法律の実効性を上げるためには、環境への配慮が企業の社会的責任（Corporate Social Responsibility：CSR）として重要視される中で、特に事業者の積極性が期待されます。

● 緩和の取組み①　省エネ

　代表的な温室効果ガスである二酸化炭素は、主に石炭や石油、天然ガスといった化石燃料を燃焼させることで発生します。化石燃料の燃焼によって生み出される電気を私たちは使って、日常生活を送り、経済活動を営んでいます。化石燃料（一次エネルギー）を電気（二次エネルギー）に変えて消費する過程で二酸化炭素が発生するわけですから、その過程の効率を上げることによって二酸化炭素の排出量を抑制する道が考えられます。つまり、「省エネ」です。

　「エネルギーの使用の合理化等に関する法律」（「省エネ法」）は、オイルショックの経験から、1979 年に制定されました。この法律は、エネルギー消費量が一定規模以上の工場等設置者や運輸業者に対して、エネルギー使用状況の定期報告を義務づけています。また、自動車や家電製品、建材の製造業者や輸入業者に対して、省エネ性能が最も優れた製品を基準として定めたエネルギー消費効率の目標達成を促すとともに、製品にエネルギー消費効率を表示することを求めています（トップランナー制度）。

　2015 年には、「建築物のエネルギー消費性能の向上に関する法律」（「建築物省エネ法」）が制定されました。建築物に関して消費されるエネルギー量は、日本全体の約 3 割を占めます。一定規模以上の非住宅用建築物について、建築主に対し、省エネ基準に適合することを義務づけた法律です。2022 年の改正により、省エネ基準適合義務の対象が住宅用・非住宅用のすべての建築物に拡大されるなど、省エネの取組みが一層強化されています。

● 緩和の取組み②　経済的手法

　ある政策目標を達成するための手法として、経済的な損失（経済的ディスインセンティブ）をもたらしたり、あるいは逆に、経済的な利得（経済的インセンティブ）をもたらしたりする仕組み（経済的手法）が考えられます。

　経済的ディスインセンティブの手法の典型は、租税（税金）です。2012 年 10 月から導入された地球温暖化対策税は、すべての化石燃料に対し、従来から課税されてきた石油石炭税に上乗せする形で、二酸化炭素の排出量に応じて課税するものです。化石燃料を採取または輸入する者が納税義務を負っていますが、通常は販売先に転嫁されるため、一般家庭も、ガソリンや灯油を購入したり、電気や都市ガスを使用したりするときに負担することとなります。税収は一般財源に組み入れられますが、低炭素技術の開発や省エネ設備の導入などに使われます。これらを通じて化石燃料の利用が抑制され、それに伴って税負担も軽減することとなれば、むしろ経済的インセンティブが期待できるということもできるでしょう。

　太陽光や風力、中小規模水力、地熱、バイオマスなどの再生可能エネルギーから発電された電気の調達を電力会社に義務付ける「再生可能エネルギー電気の利用の促進に関する特別措置法」（「再エネ特措法」）には、経済的インセンティブの手法が採用されています。再エネ発電は規模が小さく、技術開発の途上にあり、供給の安定性に課題があるため、大規模で高効率かつ安定した発電が可能な火力発電や原子力発電に比べると、競争上不利であることは否めません。2011 年 3 月の東日本大震災、東京電力福島第一原子力発電所事故をきっかけに、再エネの普及・利用拡大が求められる中で、再エネ発電事業者がコス

トを回収し、十分な利潤を得られるよう、再エネ電気を一定の期間、固定価格で電力会社に買い取ってもらう仕組み（Feed-in-Tariff：FIT）が導入されました。もっとも、電力会社は買取額を電気料金に転嫁するため、電気の使用者にとっては経済的ディスインセンティブを受けるものとなります。

● 気候変動適応法──日本における適応策の柱

気候変動・温暖化に対処するためには、地球温暖化対策推進法が定めているところの、温室効果ガスの排出削減による取組みが不可欠です。ただし、このような「緩和」の取組みには、相当の時間を要することもまた事実です。そこで、別の視点から考える、気候変動・温暖化への対応策が必要になります。「適応」の取組みです。

パリ協定は、「気候変動の悪影響に適応する能力」を高めることを目的の1つに掲げていました。日本では2018年、気候変動適応法が制定されました。気候変動適応法では、「適応」について、気候変動のさまざまな影響から被害を防止・軽減し、生活の安定、社会・経済の健全な発展、自然環境の保全を図ることをいうと定義されています。

適応策の具体例としては、海面水位の上昇による高潮・高波の被害を拡大させないために防潮堤・防波堤を築造することや、大雨・長雨による土砂災害を防ぐために砂防ダムを設置し、河道を整備することが挙げられます。高温でも栽培可能な農作物の品種開発、魚種や漁獲量の変化に応じた水産資源の評価・管理といった、農林水産分野での取組みから、熱中症予防のための情報提供や啓発活動といった、人びとの生命・健康に関わる取組みに至るまで、気候変動・温暖化の悪影響に備える「適応」が考えられます。

適応のための具体的な取組みは、状況の変化に対応しようとするものであるわけですから、いままでのやり方を幅広い視野から見直し、新しい発想で施策を講じていくことが必要です。気候変動適応法は、国に対し、適応に関する施策の総合的かつ計画的な推進を図るための気候変動適応計画を定めること（7条）、おおむね5年ごとに気候変動影響の観測・監視・予測・評価に関する最新の科学的知見を踏まえた報告書を作成し（10条1項）、これを気候変動適応

計画に反映すること（8条1項）を義務づけました。地方公共団体は、その区域内において、適応に関する計画の策定、施策の推進に努めます（12条）。国や地方公共団体による取組みに対し、国立環境研究所が情報収集・分析するなどして支援します（11条1項）。適応の取組みを推進するために国や地方公共団体が果たす役割は、計画を策定することです。

　他方で、気候変動適応法は、事業者に対し、その事業活動に見合った適応策の実施に努めるよう求めています（5条）。そして、国民も、国や地方公共団体による適応の施策に協力することが求められます（6条）。気候変動適応法は、地球温暖化対策推進法とは異なり、事業者に対して具体的な行動を指示していません。法律上の義務として強制されているわけではありませんが、事業者や個人も、当事者意識を持って適応の取組みを進めていくことが重要です。

　温室効果ガスの排出削減という、気候変動・温暖化の原因を抑制する「緩和」と比べると、「適応」は、現状追認で、後ろ向きの印象を抱くかもしれません。しかし、私たち人間は、生きていかなければなりません。人類が存続することを大前提として、緩和と適応を車の両輪のごとく合わせ、気候変動・温暖化の問題に取り組んでいくことが求められるのです。

コラム　環境基本法の基本理念

　日本の環境政策の基幹となる法律が環境基本法（1993年）です。環境基本法は、環境保全に関する3つの基本理念を定めています。この3つの基本理念は、日本の環境政策の方向性をあらわすとともに、環境に関するさまざまな法律の基礎となっています。

　第1の基本理念は、健全な環境の承継（3条）です。この条文は、①人間の健康で文化的な生活のためには、健全で恵み豊かな環境を維持することが欠かせないこと、②人間の活動によって環境に負荷がかかり、有限な環境が損なわれるおそれがあること、この2つの点を事実として重くみて、現在世代・将来世代の人間が環境の恵みを受けられるように、健全な環境が将来にわたって維持されるように、環境保全が適切に行われなければならない、としています。

　第2の基本理念は、環境に対する負荷の低減と持続的発展（4条）です。この条文も、環境に対する負荷を低減させることと、社会・経済の持続的発展とが両立できるように、また、科学的知見を充実させて環境保全上の支障を未然に防止できるように、

環境保全が適切に行われなければならない、としています。

　第3の基本理念は、国際協調の積極的推進（5条）です。現代の環境問題に国境は関係ありません。生物多様性や気候変動など、地球規模で考えなければならない問題が明らかになってきています。国際協調をしなければ人類の存続が危ういのです。この条文は、環境保全の分野において日本が先導者となり、積極的な役割を担う宣言であるということができます。

レポート課題

問1. 温室効果ガスの排出削減を推進するための仕組みについて、「情報的手法」と「経済的手法」というキーワードを使って説明してください。

問2. 気候変動・温暖化に対処するための「適応」について、①国や地方公共団体、企業が具体的にどのような取組みをしているかを調べてみましょう。また、②個人や家庭でもできる取組みを考えてみましょう。

小テスト

問 次の各文章中の空欄①〜⑩に入る最も適切な語句を答えてください。同じ番号の空欄には同じ語句が入ります。

(1) 温暖化係数とは、【　①　】を基準として、それ以外の温室効果ガスが地球温暖化に与える能力をあらわした数字です。たとえば、温暖化係数が25の【　②　】は、【　①　】よりも地球温暖化に与える能力が25倍に上ります。

(2) 日本では、【　③　】により、【　④　】種類の温室効果ガスが法律上定められています。

(3) 気候変動に関する国際交渉では、【　⑤　】（略称 IPCC）によって示される最新の科学的知見が活用されてきました。

(4) 1992年5月に採択された気候変動枠組条約は、その年の6月に開催された【　⑥　】の場で締約国による署名が始まり、1994年3月に発効しました。気候変動枠組条約の下、各国の温室効果ガスの排出削減目標などの具体的な措置は、【　⑦　】による個別合意に委ねられます。

(5) 気候変動枠組条約は、【　⑧　】定めるため、温室効果ガスの削減に向けた施策の実施が義務付けられる締約国を【　⑨　】に、途上国への資金協力や技術支援が義務付けられる締約国を【　⑩　】に規定しました。

2　経済的なしくみによる解決【経済学】

● 気候変動による（経済）被害の可能性の概観

　気候変動は人々の生活にさまざまな形で影響を与えるといわれています。気候変動による人々への影響に関する最近の研究結果については、2022年より公開されている「気候変動に関する政府間パネル（IPCC）第6次評価報告書（AR6）」の第2作業部会の報告『気候変動―影響・適応・脆弱性』などでまとめられています。以下ではこの資料を中心として、気候変動による影響についてみていきましょう。

　温室効果ガスの排出量の増加と共に、大気中や海水の温室効果ガスの濃度は高まります。そして、大気平均気温や海水温が上昇することで、降水量の極端な増加や減少、地中水分の低下、動植物の生息域の変化など様々な影響が地表や海洋など様々な場所で生じます。そして、これらの環境への影響によって、河川の氾濫、サンゴの白化と死滅、干ばつに関連する樹木の枯死、林野火災による焼失などの様々な被害が引き起こされることで、陸上、淡水、海水など動物や植物などが住む広い範囲の生息環境に不可逆的かつ甚大な悪影響が生じ、その結果として動植物の絶滅など貴重な生態系が失われるおそれがあります。同時に、人々の生産活動についても、農業や漁業など動植物に関連する産業を中心に大きな悪影響を受けることになります。特に人々の食料を支える農業については、一部の寒冷地域では二酸化炭素の増加によって農作物の収穫量が増えることもありますが、多くの温暖な地域では気温上昇による高温障害などによって収穫量が低下することになります。また、漁業については、水温の変化により珊瑚礁が失われることで海水生態系が失われることが知られていますが、北半球における魚の北上などの生息域の変化による漁獲量の減少という形で多くの地域で影響を受ける恐れがあります。

　さらに、大気平均気温の上昇は、人間の生活環境も悪化させ、高温による熱中症を増加させたり、亜熱帯・熱帯地域のみに存在した病害虫の生息域を温帯

地域まで広げることでマラリアやデング熱などの感染症を蔓延させたりするなど健康への悪影響を引き起こす恐れもあります。近年、欧州で気候変動対策が積極的に行われていますが、その1つの理由が2003年にフランスなど欧州の最高気温40℃を超える熱波によって多くの高齢者が熱中症で亡くなってしまったという気象災害の発生があります。このような熱中症の増加は屋外労働者の健康にも悪影響をもたらしますが、労働者の課外活動時間が減少することによって、労働力の減少という形で生産活動にも悪影響をもたらします。このような急な猛暑は現在でも世界の各地域でしばしばみられています。

　さらに、大気平均気温の上昇や海水温上昇は、海水の熱膨張や南極・グリーンランドの氷床の融解により海面上昇をもたらし、土地の減少や台風の高潮や豪雨などの水害の悪化など、経済発展している沿岸部や河川流域を中心に大きな被害を与える可能性があります。これにより、その地域の人々の生活はもちろん、インフラへの被害により商業活動や工場の生産活動などにおいても大きな悪影響が出るおそれがあります。さらに、バヌアツなど海抜が低く海面上昇によって土地自体を失ってしまう島国では、住んでいた土地から別のより安全な地域へ集団移住せざる得ない場合も出てきてしまいます。

　また、氷河の大規模融解による消失や降水量の減少による干ばつも世界各地域で起きていますが、これらは地域における水資源の減少に繋がり、その地域での深刻な水不足を引き起こします。この水不足は人々の生活に深刻な問題を引き起こし、食糧難の原因や、国家間の水をめぐる争いの原因にもなります。

　これらの被害の規模については、農業の収穫量減少など金銭換算しやすいものもありますが、絶滅する動植物の価値など金銭換算が難しいものも多く、様々な計算が試みられているものの、気候変動全体の被害金額を正確に金銭換算することは難しいのが現状です。ただ、いずれにせよ、現在の水準で温室効果ガスを排出しながら経済活動が続けられると、十分な気候変動対策が為されない限り2100年までに大幅な気温上昇が避けられず、すでに述べたような様々な悪影響が世界各地で生じることが懸念されています。

　このような中、先進国を中心とした世界各国はすでに1997年の京都議定書の下で温室効果ガスの排出削減を行い、さらに2015年のパリ協定のもとで今後の温室効果ガスの排出総量を抑えることで、将来の気候変動を抑制し、結果

として経済被害など様々な被害を減らすことを目指しています。以下では、このような現状において行われている気候変動対策について述べ、その重要な点についてまとめ、そしてどのような形で我々の負担を減らしていくかを経済学的な考え方を使いながら見ていきたいと思います。

● 緩和と適応

　気候変動への対策としては、主に2つの方法があることが知られています。第1に、排出される温室効果ガスの総量を削減する緩和策があります。この緩和策の中心となるのが、石油、石炭、天然ガスといった化石燃料から排出される二酸化炭素を減らすために、化石燃料の使用量を減らすという方法です。具体的には、化石燃料の多くが使われる火力発電を減らし、その代わりに温室効果ガスの排出量が少ない別の発電方式に切り替えるという方法です。火力発電以外の方法としては原子力発電もありますが、事故のリスクや放射性廃棄物処理の問題などいくつか懸念事項もあるため新設したり将来も継続して利用したりするのは多くの国で難しいとされています。

　そこで、将来的にみて中心になると見込まれている発電方式が、使用しても時間経過により回復して再び利用できるという性質をもつ再生可能エネルギーを用いた発電方式です。再生可能エネルギーには、以前から広く使われている川やダムを用いた水力発電に加え、太陽光パネルを通じて太陽光のエネルギーを利用して発電する太陽光発電、陸上や洋上の自然の風をもとに風車の回転などから発電する風力発電、温泉などで知られる地中の熱を利用して発電する地熱発電、さらに植物などを加工・再利用したバイオエタノール等のバイオマス燃料を燃焼させて発電するバイオマス発電があります。

　また、化石燃料はガソリンなど交通における燃料として広く使われてきましたが、温室効果ガスの排出削減のためには、火力発電以外でも化石燃料の使用量を減らす必要があります。具体的な例の1つとして、ガソリン車を電気自動車（EV）に置き換え、さらにその電気を再生可能エネルギーにより発電することで、ガソリン車からの二酸化炭素の排出量を大きく減らすことができます。また、近年はバイオマス燃料や水素燃料など二酸化炭素を排出しない自動車の

開発も進められており、水素燃料を用いた燃料電池車（FCV）など実用化も徐々に進んでいます。

交通と同様に、生産活動や暖房などに使われる化石燃料を減らす必要もありますが、これらについては、化石燃料から電気を利用した設備に変更することで減らせる可能性があります。特に、冷暖房の場合は、建物の断熱材などを工夫することで冷暖房のエネルギー使用量を減らすことが可能で、それを活用した住宅のZEH（ネットゼロエネルギーハウス）や建物のZEB（ネットゼロエネルギービル）などが注目されており、現在では新築の建物についてZEHやZEBへの切り替えを積極的に推進する政策が各地で進められています。このような住宅や建物は、長期間使われることが想定されているので、例えば2050年までに二酸化炭素の排出量をゼロにしたいのであれば、それよりも10年以上前から切り替える必要があり、逆算してなるべく早く導入推進政策を進める必要がある点に注意する必要があります。

さらに、森林を増やすことで二酸化炭素の吸収量を増加させる植林も、有効な緩和策として知られています。ただ、森林について伐採した場合は逆に二酸化炭素を放出することになってしまいますので、単に植林するだけでなく、今ある森林を維持管理していくことも重要となります。日本では、2024年度より森林環境税を財源として、森林整備を今後すすめていくことを目指しています。

第2に、気候変動のために生じうる被害を減らす適応策があります。例えば、気候変動により平均気温が上昇し、熱中症が増えた場合、熱中症対策を行うことで最終的な熱中症による重症患者の発生を抑制できます。また、降水量の増加や海面上昇などによって高潮や洪水が深刻化する場合でも、事前に防潮堤や堤防を整備することで水害の被害を減らせます。農業については、高温障害に強い新品種を事前に開発することで、実際に高温になって従来の作物が育たなくなった際に品種をすぐ変更することで気温上昇による収穫量の減少を防ぐことができます。動物については、森林など広い生息域を南北に確保することで、温暖化後に動物が北に移動することが可能となり温暖化の影響を和らげることができます。ただ、植物については自ら移動することが難しいので、より涼しい場所に移植するなど別の形の対応が必要になります。沿岸部の住民の場合は、

水害から身を守るために早めにより安全な高台に引っ越すという方法もあります。

これまで緩和策と適応策について述べましたが、気候変動対策としてはどちらを重視すればいいのでしょうか。この問いに対しては、緩和策のみならず両方とも積極的に行っていくというのが適切な答えになるでしょう。なぜかというと、緩和策は気温上昇を抑えることで将来の大きな被害を防ぐ効果はありますが、近い将来においてすでに発生している被害を減らすことは難しいためです。気温上昇の予測をみると、2100年には緩和策の違いによって大きな気温差が生じますが、2050年ぐらいでみると実はそこまで大きな差は生じず、たとえ緩和策をパリ協定の目標水準まで十分に行ったとしても、一定の被害が生じてしまうことは否めません。具体的には、すでに海面上昇で深刻な被害がでて海岸が消失しようとしている島国がある状況で二酸化炭素の排出量をゼロにしてもすぐ海岸が戻るわけではありません。そこで、防潮堤の建設などより早く効果が出る適応策を被害が生じる地域に対して行うことで、今の人々の生活を守るという考え方が緩和策と適応策の両方を使う方法です。また、緩和策は気候変動を抑えることで世界全体の被害を少しずつ抑えますが、適応策は実施した地域の被害を中心に減らす対策なので、実際に特定の地域で大きな被害が出る可能性がある場合は適応策がより重要となります。

ここまでは緩和策と適応策の長所を述べてきましたが、これらには1つ大きな問題点があります。それは、多額の費用がかかる場合があるという点です。まず、緩和策については、例えばガソリン車の利用を禁止にして全て電気自動車にする場合、当然ながら電気自動車の購入費用を誰かが支払う必要があります。しかし現状では電気自動車は高額であり購入時の補助金政策を積極的に行うことで普及を促していますが、それは政府・自治体が負担を肩代わりするだけに過ぎませんし財源も必要となります。補助金はだいたい先着順ということが多く、財源が尽きたら無くなってしまいます。また、火力発電を太陽光などの再生可能エネルギー発電に置き換える場合、発電所の立地も変化するため、それに合わせた新たな送電網の整備も必要ですし、不安定な再生可能エネルギーの発電の問題を補う揚水発電[1]などの仕組みを準備する必要がありますが、これらには多額の費用がかかります。適応策の費用についても、例えば防潮堤

や堤防の建設には多額の費用がかかる公共事業となるため、全ての場所で導入することは難しく、人口の多い地域や氾濫が多い地域など、限られた地域に重点的に行う形でしか実行できないでしょう。また、被害を避けるための移住の場合は、新たな土地を用意し、そこにインフラを含めて街を作る必要があるため、やはり多くの費用がかかるでしょう。

　具体的な金額で費用をみると、IPCC第6次評価報告書第3作業部会報告書では、温暖化を2℃に抑えるために2020年から2050年の間にかかる世界全体の緩和費用は、国内総生産（GDP）を1年で0.02〜0.14%減少させるとあります。これは日本のGDPで換算すると、1年あたり8000億円弱となります。この金額を見ても小さくないことがわかりますが、これはあくまで全ての利用可能な技術が使える場合の試算ですので、例えば太陽光発電が送電網の制約によって増やせなくなる、土地が足りずにバイオマス発電が増やせなくなる、など想定外の状況になるとその費用はさらに増えることになります。また、国際的な協調が上手くいかない場合は、後述する経済的手法が使えず費用がさらに上がることになってしまいます。

　ただ、細かくみると、もちろん緩和策や適応策の全てで多大な費用が出るわけではありません。緩和策の最も基本的なものは省エネですが、例えば白熱電球や蛍光灯をLED照明に変更する省エネは個人でも行うことは可能ですし、長期的にみると大きな効果があります。適応策についても、熱中症対策については熱中症対策の飲料を用意したり帽子をかぶったりするなど基本的なことを行うことでも健康被害を大きく減らせます。また、水害についても、避難情報を携帯電話やインターネットや防災無線などで迅速に住民に伝えることで人的被害を低費用で減らすことができますし、すでに各自治体では積極的に行われています。しかし、少し対策するだけなら低費用でもすみますが、少なくともパリ協定の目標を達成するような大規模な緩和策を実施するためには、再生可能エネルギーへの転換などの根本的な対策が必要となるため、多大な費用は避けられないでしょう。

　次に、各国の取り組みをみると、まず緩和策に対しては多くの国で再生可能エネルギーの利用が積極的になされています。以前は火力発電と比べて発電費用が非常に高かったため利用が難しかったですが、技術進歩や生産増などによ

り今では比較的安い価格での発電が可能となり、特に太陽光発電や風力発電の導入はすすんでいます。日本においても、FIT（固定価格買取制度）の導入とともに太陽光発電は急増しました。FITというのは、太陽光発電など再生可能エネルギーによる発電を個人や事業者が行った場合、その電気をある程度高い一定の買取価格で長期間買い取るという制度で、将来の安定した収入が見込めるため、制度の開始と共に多くの事業者が新規参入しました。ただ、送電インフラが追い付かず、また太陽光発電は日中に多くの発電を行うなど扱いづらい点もあるため、太陽光発電で見た場合、2012年度の事業所買取価格は40円/kWh（20年間）でしたが、徐々に買取価格は下げられており、2021年には11円/kWh（20年間）まで抑えられています。このため、新規の投資を呼び込むのは難しく、今後の普及に向けては再生可能エネルギー発電の導入の奨励金や一部義務化など新たな対策が必要となってくると思われます。

　次に適応策についてですが、適応策には多額のお金が必要な場合もあるため、先進国と途上国で大きな格差が生じてしまうことが懸念されています。緩和策では各国の対策は温室効果ガスの削減という形で全ての国に少しずつ効果がありますが、適応策の多くは基本的に自国を守る投資という形となるため、最小限で適応を行おうとすると、各国は自国に対してのみ適応策を行うということになってしまいます。これにより、特に気候変動の影響の大きい途上国における適応策が不足してしまうという問題が発生することが懸念されており、それを補うために途上国に対して先進国が積極的に適応策の資金・技術協力を行うことがパリ協定でも求められています。

● 課税と排出量取引

　ここまで、気候変動対策として緩和策と適応策があり、それらには多くの負担がかかることを述べました。ただ、この費用については、経済学に基づいた手法を用いて減らせる場合があります。過去にも、京都議定書における京都メカニズムの手法を用いながら各国は温室効果ガスを減らし、厳しい削減目標を達成しました。以下では、緩和策に関する経済的手法についてみていきたいと思います。

　経済的手法の１つとして知られているのが、温室効果ガスの排出量に対して課税を行うことで、炭素税として知られています。例えば炭素１トンに一定額の税を課すという方法で、これによって炭素を含む化石燃料に対して課税を行うことが可能となります。日本でも、地球温暖化対策税という形で化石燃料を生産する企業に対する課税が導入されています。この場合、税金を直接支払うのは課税対象となる事業者ですが、実際には増税に合わせて商品価格を値上げするため、最終的な負担増がどうなるかは場合によって変化します。例えば、地球温暖化対策税によって化石燃料の価格が上げられ、火力発電の費用も増加することで、我々の電気料金が上がることになります。

　課税の目的については、政府が収入を得ることだけが目的だという誤解もありますが、経済学的にみて、課税の本来の目的は、市場に任せると過剰に排出されてしまう汚染物質の排出量を抑えることで、より社会にとって望ましい排出量に人々や企業を誘導することにあります。気候変動の場合、温室効果ガスの増加によって個人がすぐ受ける被害はそれほど大きくありませんが、気候変動は世界全体に広く影響を与えるため、世界全体、日本全体という規模でみると大きな影響が生じてしまいます。しかし、個人の観点で見ると、自分が二酸化炭素を増やしても自分にはそんなに被害が出ないので、結局多くの二酸化炭素を出してしまい、社会全体でみると多量の二酸化炭素の増加により気候変動で各個人全員が大きな損失を受けるという形となります。これを防ぐため、政府は炭素を含む化石燃料などに課税を行うことで、個人の使用量の減少を促し、全体として排出量を抑制するのです。ただ、もちろん、環境税によって税収は発生しますので、その財源を環境対策に用いることで、温暖化対策の効果をさらに高めることが可能です。実際、日本の地球温暖化対策税における税収は省エネルギー対策、再生可能エネルギー普及、化石燃料のクリーン化・効率化などの地球温暖化対策に用いられることになっており、それによる温室効果ガスの排出削減効果が期待されています。

　このような課税において難しい点としては、どこまで温室効果ガスの排出量を減らせばいいのか、そして最適な排出量とはどれぐらいなのかという問題です。一見すると、排出量を減らせば減らすほど良いようにも見えますが、排出量の削減には費用がかかるためそう簡単にはいきません。例えば温室効果ガス

の排出量を今すぐゼロにするとしたら、非常に大きな費用がかかりますし、停電やガソリン車の使用不可などにより社会全体の機能を失う恐れもあるため、そもそも実現自体が難しいでしょう。そこで、税率をある程度調整しながら、少しずつ排出量を減らしていくという手法が考えられます。このような課税は、環境経済学においてはボーモルオーツ税として知られる方法となります。これは、税額を徐々に上げながら排出量が目標の値まで減るように税を調整するという考え方の税制です。

　課税という手法は、直接または間接的に事業者を中心に各個人の負担を増やすため、政策として受け入れられづらいことで知られています。日本でも、地球温暖化対策税の導入までには多くの時間を費やしましたし、税率についても欧州と比較すると高いものではありません。また、税制は基本的には一国内でしか適用できないため、国ごとに税率は異なることになります。もし、世界で同時に高い税率を実施しようとするとしたら、法的な問題など多くの問題があるので、各国で炭素税の税率を揃えることは実質的に不可能でしょう。そして、地域に大きな税率の差がある場合、より炭素税が安い地域に工場を移転させてしまうような企業が生まれる環境ダンピングの恐れすらあります。

　それではどうすればいいでしょうか。課税とは別の方法として、京都議定書などで実際に用いられている経済的手法に排出量取引というものがあります。これは、温室効果ガスなどの排出量の総量を事前に決め、排出する権利を参加者に割り当て、参加者間で排出量の権利を市場で売買するというものです。これは一見すると金銭を用いて排出権を購入する側が損をして排出権を売却する側が得をするようにも見えますが、実際にはこの制度を導入することによって、排出量の権利の購入側、売却側の双方が得をすることがわかります。それについて以下で説明します。

　そもそも、どのような状態だと排出量の売買が生じるのでしょうか。それは、ある排出量価格のもとで、排出量を欲しがる需要側と、排出量を売りたがる供給側の双方がともに存在する場合です。このときに重要になるのが、温室効果ガスの排出削減時の費用である削減費用となります。図を見てみましょう。図は、ある国が温室効果ガスの排出量を追加的に1トン削減するときに発生する削減費用として定義される限界削減費用を表す限界削減費用曲線MCの図とな

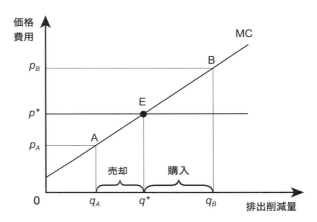

図　排出量取引の仕組み
（出典：筆者作成）

り、横軸が排出削減量、縦軸が限界削減費用となります。このとき、限界削減
費用は、排出削減量が増えるほど高くなっていきます。これは、まだ排出削減
量が少ない場合は冷房の設定温度を下げたり電球を LED に変更したりするな
どの節電によって低費用で温室効果ガスを削減できますが、排出削減量が増加
してさらに削減しようとすると節電だけでは対応できなくなり火力発電を減ら
して別の発電方法に切り替えるなど抜本的な対策が必要となり、限界削減費用
も高くなるということを反映しています。このとき、京都議定書の場合のよう
に、排出量取引が可能であり、さらに各国に初期の排出量の権利が割り当てら
れる場合に各国がとる行動を経済学的に考えましょう。

　ここで、排出量取引の市場価格が p^* だとします。このとき削減費用を最小
化する排出削減量は限界排出削減費用曲線との交点で決まる q^* となりますが、
この理由を以下で説明します。

　初期の排出量として２つの場合を考えます。まず、初期に割り当てられた排
出量が多く、必要な排出削減量が少ない q_A の場合です。このような国Ａは、
排出量取引において排出量の供給側となります。具体的に見ますと、供給側は、
二酸化炭素の削減量を１トン増やすことで p_A の費用が掛かりますが、それを
市場で売却することで p^* だけ利益を上げることができるので、その差額が儲
けとなります。同様に、限界削減費用が排出量価格を下回る限り排出量を売り
たいと考えるので、国Ａは排出削減量を増加させながら増加分を市場で売却

することで儲けられます。ただ、排出削減量を増加させるほど限界削減費用も上がっていきますので、だんだん儲けは減り、排出削減量がq^*に達すると儲けはゼロとなります。つまり、国Aは限界削減費用が排出量価格と丁度等しくなるまで排出削減量を増やすことになり、その増加分q^*-q_Aは市場で売却されることになります。このとき、供給側は排出量の削減をすすめることによって費用が増加しますが、それにより割り当てられた排出量のうち余った分を売却することでより多くの収入が得られるため、結果として供給側は排出量取引によって儲かります。

次に、初期に割り当てられた排出量が少なく、必要な排出削減量が多いq_Bの場合です。このとき、1トン減らすのに限界削減費用がp_Bかかりますが、自分で削減せずに代わりに排出量取引市場で1トン分購入すればp^*だけの負担ですむので、排出量を購入することで費用を節約できます。同様に、自分の儲けを考える場合、限界削減費用が排出量価格を上回る限り排出量をより多く購入したいと考えます。つまり、排出量を購入しながら自らの排出削減量をだんだん減らしていきます。ただ、排出削減量を減らすほど限界削減費用も下がっていきますので、排出量の購入による費用の節約額もだんだん小さくなり、排出削減量がq^*まで減ると排出量の購入による費用の削減額はゼロとなります。つまり、排出削減量の減少分q_B-q^*は市場で購入しますが、それ以上は購入すると損するので排出量の追加購入は行いません。

このように限界削減費用の高い国は市場を通じて他国より排出量を購入し、排出削減量の低い国は排出量を廃却することで、共に儲けることが可能となります。ここで、世界全体の排出量は初期に割り当てられた排出量から決まるので、購入量と売却量がちょうど等しくなるような排出量価格が決まり、それに基づいて各国が行動することで、結果として全ての国で限界削減費用が等しくなります。

排出量取引は、国内のみで実施した場合でも企業間などでの取引で限界削減費用を低下させることが可能ですが、さらに海外とも排出量取引を行うことによって、世界全体の総削減費用を低下させることが可能となります。それでは全ての国で排出量価格を通じて限界削減費用が等しくなると、どのようなメリットがあるのでしょうか？　それは、排出量取引によって世界全体で見た温

室効果ガスの総削減費用が最小化されることです。なぜなら、もしある2国で限界削減費用が異なる場合、限界削減費用が高い国が排出削減量を少し減らして、限界削減費用が低い国は排出削減量を代わりに増やせば、同じ排出削減量のもと、他の国の削減費用はそのままで2国の総削減費用のみが減るからです。つまり、世界全体で同じ総排出削減量という制約のもとで、より低費用で同じ排出削減量を達成する方法があるため、限界削減費用の異なる国がある限り非効率的となります。そして、全ての国で限界削減費用が等しくなるとき、総削減費用は最小化されて、最も効率的であるといえるのです。

　また、ここまでの議論は、各企業や各国がもつ限界削減費用曲線 MC の形が異なる場合でも成り立ちます。つまり、国によって技術が異なり、限界削減費用が大きく違う状況でも問題ありません。例えば、京都議定書の時期、日本ではオイルショック以降、省エネなどがすすみ、さらに削減するための限界削減費用が高くなっている一方で、東欧諸国では化石燃料について旧来の技術をそのまま利用していたこともあり比較的安値で二酸化炭素などを削減する余地があり、限界削減費用も比較的安くすむ状況にありました。このような状況だと、日本では排出量を購入する誘因が高い一方で、東欧諸国では排出量を売却する誘因が高まります。このため、日本と東欧諸国が排出量取引を行うことで、費用を下げることが可能となります。実際の限界削減費用を見てみると、2022年3月8日に ALPS 国際シンポジウムで発表された秋元圭吾「2030 年国別貢献 NDCs の排出削減努力の評価とその含意」にある「NDCs の CO_2 限界削減費用（2030 年）の国際比較」では、日本の限界削減費用は 452$/tCO$_2$eq（$/tCO$_2$eq は二酸化炭素に換算した温室効果ガス 1 トンあたり米ドル）であり世界でも最も高く、英国も 438$/tCO$_2$eq、米国は 359$/tCO$_2$eq と比較的高くなっています。一方で、中国の限界削減費用は 37$/tCO$_2$eq、チェコなどの東欧は 40$/tCO$_2$eq 以下と推計されており、地域ごとに大きな差があることがわかります。このとき、世界全体で費用最小化すれば 47$/tCO$_2$eq まで限界削減費用が下がるとされるため、経済的手法によって日本など限界削減費用の高い国の負担が大幅に減ることが見込まれます。

● その他の経済的手法

　京都議定書より取り入れられた経済的手法である京都メカニズムにおいては、すでに述べた排出量取引に加え、共同実施（JI）やクリーン開発メカニズム（CDM）という方法もあります。共同実施は、先進国同士で直接取引をする方法で、より限界削減費用の高い国がお金を支払い、より限界削減費用の低い国が自国で排出削減量を増やすことで、同じ総排出削減量をより低費用で実施する方法です。また、京都議定書では先進国以外は排出削減量の数値目標が無かったのですが、クリーン開発メカニズムはそういった排出削減義務のない国でも排出削減を行い、代わりに取引相手の先進国から金銭や技術提供を受けるという方法で、これを踏まえると、京都議定書の段階で先進国以外の国が温室効果ガスの排出削減に実質的に参加していたといえます。そして、これらの京都メカニズム、さらに植林の効果によって、京都議定書に参加した国と地域は全て厳しい削減目標を達成することが出来ました。

　また、これとは別に、日本国内で積極的に再生可能エネルギーを売買するという方法もあります。その例として、Ｊクレジット制度やグリーン電力証書があります。Ｊクレジット制度とは、地方自治体、企業、森林所有者、農家などが省エネ機器、再生可能エネルギー導入、植林などによって二酸化炭素などの温室効果ガスの排出削減量や吸収量を増やしたとき、その量をＪクレジットとして国が認証する制度です。そして、Ｊクレジットは売却することが出来るので、事業を行い省エネルギー設備の導入や再生可能エネルギーの利用などによる二酸化炭素等の排出削減量や森林経営による二酸化炭素の吸収量についてＪクレジットを認められた創出者が売却し、地方自治体や企業などの購入者がお金を支払うことで、創出者は投資の費用負担を回収することが出来て、購入者は温室効果ガスの排出削減に具体的な形で貢献できることになります。これにより、創出者と購入者の双方とも気候変動問題に対して積極的に参加しているという点を社会から評価されるため、イメージアップによる売上の増加など長期的には良い効果が期待できるでしょう。

　Ｊクレジット制度以外でよく知られるものとして、グリーン電力証書があります。グリーン電力証書は、太陽光・水力・風力・地熱・バイオエネルギーと

いった再生可能エネルギーによって発電された電気の環境価値を証券化したもので、第三者承認機関による承認を得て、証書発行会社が発行する形となります。証書には具体的な電力量が記載されており、この証書を購入した企業は、その購入した分に相当する使用電力を再生可能エネルギーによって供給したとみなすことができることになります。近年、各企業において温室効果ガスの排出削減が積極的に行われていますが、全ての電力を再生可能エネルギーに切り替えるのは多大な負担となる恐れがあります。そこで、どうしても減らせない分について、グリーン電力証書を購入することで、代わりとすることができます。同様に、小売電気事業者については再生可能エネルギーに加えて原子力も含めた非化石エネルギーに対して発行される非化石証書という取り組みもなされています。

　これらの経済的手法を利用することで、少なくとも経済的手法を利用しない場合と比べて温室効果ガスの排出削減についてより積極的に行われ、さらに低費用で実現できることになることが期待されます。特に、クリーン開発メカニズムのように、従来は排出削減を行う義務の無かった国が新たに参加することは大きな効果があります。さらに、これらの経済的手法は売却側と購入側の双方にメリットがあることも重要です。経済学の考え方において重要なのは、交換によって価値が創出され、それにより売り手と買い手の両方が得をするというものですが、ここではまさにそれが生じています。現在、世界で気候変動対策がすすめられていますが、それが成功するためには、参加する各国、企業、国民それぞれが納得し、継続して続けられる政策である必要があります。経済的手法は、そういった意味で人々の負担を減らし、今後の気候変動対策をより効果的に続けるための助けとなる可能性を大いに秘めています。

コラム　地球温暖化政策の経済的影響

　環境問題として地球温暖化問題と共に注目されているのが廃棄物処理の問題です。特に最近はプラスチックごみの減量化について世界各国が様々な取り組みをしており、ゴミ袋の有料化や企業による非プラスチック製品への変更など様々な形でプラスチックの使用を減らそうとしています。プラスチックごみは非常に丈夫なため、自然環境に流出した場合に自然分解されるまで非常に時間がかかってしまい、

生態系に大きな悪影響を引き起こしてしまいますので、ごみの減少は生態系を守るために有意義とされています。また、ごみの減少自体も、限られた日本における廃棄物の最終処分場を節約するという点で重要です。これに加え、ごみの減少は地球温暖化問題の緩和策の1つとしても考えられます。具体的にみていくと、まず、廃棄物の減量化（リデュース）や再使用（リユース）は結果として燃焼などにより発生する温室効果ガスを減らすことができます。また、多くの廃棄物に利用される再資源化（リサイクル）は廃棄物を減らし、より少ないエネルギーで原材料を確保するという点で緩和策となります。プラスチックなどのリサイクルについては、原材料価格だけでみるとリサイクルするより石油から生産した方が安くなるという批判もありますが、リサイクルによるごみ減量化や原材料節約という別のメリットも考えると、社会的には緩和策として今後もリサイクルを進めた方が望ましいことになります。

　一方で、緩和策の1つである脱化石燃料を行うことで、結果として化石燃料への需要が減ることになりますが、これは一部の産業に悪影響を与えます。近年は石炭などの化石燃料を利用する国や企業に対する風当たりも強く、特に石炭・石油を産出する国や企業にとっては価格低下や売上減などによりマイナスに働くことになるため、結果として緩和策は大きな負担となります。ただ、今後も緩和策が続くことが見込まれるため、これらの国や企業の中には、化石燃料依存の体質から転換を目指している動きも見られるようになってきています。同様に、化石燃料を大量に利用する製造業などについても影響は甚大となるため、様々な形でその影響を回避しようと各企業は努力を続けており、そういった企業の負担を和らげる政策も経済を安定させる上では重要となります。

注
1)　揚水発電とは、発電所をはさんで山の上部と下部に調整池を築き、電力使用量が多い時間帯に上部から下部に水を流して水車による発電を行い、電力使用量が少ない時間帯に水車を逆回転させて上部に水を汲み上げる（揚水する）発電方法です。

レポート課題

問1.　気候変動が深刻化することによって、生活においてわたしたちが受ける経済的被害を2つ説明してください。

問2.　温室効果ガスに関する排出量取引によって、限界削減費用を節約できる理由を2国の場合について簡単に説明してください。

小テスト

問　次の文章中の空欄①～④に入る最も適切な語句を答えてください。

　温室効果ガスの排出量を減らすことで気候変動を抑えることを【　①　】といい、投資などを行うことで気候変動による最終的な被害を抑えることを【　②　】といいます。これらの政策には費用がかかりますが、炭素税などの【　③　】や排出量を売買する【　④　】といつた経済的手法を活用することで費用を節約することができます。

3　地球温暖化のメカニズムと自然界での影響 【自然科学①】

● 気候変動と地球温暖化

　本書を読まれているほとんどの方は、地球温暖化という単語をご存知と思います。地球温暖化、つまり地表付近の気温の増加によって、気象現象や生態系などに様々な影響が生じています。数十年前に比べて、「雪が降りにくくなった」、「夏が暑くなった」、「冬が暖かくなった」などと感じられている方もいらっしゃるかもしれません。実際に、この30年の間地表気温は世界平均で約0.6度上昇しました。これだけですと、大した影響ではないと思われるかもしれませんが、この上昇幅でも、本書で紹介するように多くの領域に影響を与えるには十分であることが分かっています。

　特に本節では、地球温暖化（Global warming）がどのようにして生じているのかを説明します。温暖化のメカニズムを理解するためには、まず地球大気の気温がどのように決まるのかを知る必要があります。大気が温まる主要因は太陽から供給される熱エネルギーです。太陽光の存在は非常に身近で、朝日や夕日など、その存在を感じない人はいないと思います。太陽光の一部は、大気中の雲や地表面で反射されます。一方であまり身近でないものの、地球もエネルギーを放射しています。これは、地球の温度が0度でない（ここで言う0度とは絶対零度のことで、日常で用いる摂氏では−273.15℃になります）ためで、人間も同様に体温があるためエネルギーを放射しています。地球全体で考えると、太陽から入ってきたもの・反射したものと、地球からも出ていくものが釣り合うことで、大気の気温が決まっています（図1）。

　ここで紹介した太陽・地球両方からのエネルギーは、光（電磁波）として放射されます。電磁波には波長ごとに様々な名前が付いていて、短い方から順にX線、紫外線、可視光、赤外線、マイクロ波、短波となっており、聴き慣れた名前も多いかと思います。太陽光は可視光（人の目で色を識別できる波長帯）を含む波長である一方、地球からの光の波長は赤外線の波長帯に含まれます。図

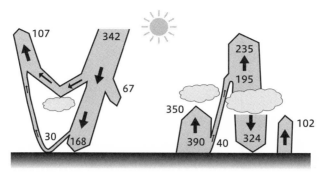

図1　鉛直方向の放射エネルギー収支
（出典：Kiehl and Trenberth 1997 を元に筆者作成）
＊ Kiehl, J. T., and K. E. Trenberth, 1997: Earth's Annual Global Mean Energy Budget. *Bull. Amer. Meteor. Soc.*, 78, 197-208, https://doi.org/10.1175/1520-0477(1997)078<0197:EAGMEB>2.0.CO;2.

1のように、太陽からのエネルギーと地球からのエネルギーが釣り合うとして計算を行うと、地表の平均気温が約−18℃と得られます。この計算では、太陽の表面温度に応じて放射されたエネルギーが均一に地球に達し、同じく地球の表面から均等にエネルギーが放射されると仮定しました。計算の結果ある程度現実的な値が得られるものの、現実の平均気温とは異なります。

　それでは、温室効果（Greenhouse effect）を考えてみましょう。温室効果とは、地球表面から出ていく赤外線の波長帯の電磁波が、大気中の物質によって吸収され、さらにエネルギーを放射することで地球表面を加熱するというものです。言い換えれば、地球からのエネルギーは全てが宇宙へ行くのではなく、一部が大気によって吸収されるというものです。この効果を入れて改めて上のような計算をすると、平均気温は約15℃となり、現実の値に近くなります。つまり、地球大気の気温を決める上で、温室効果が重要な役割を担っていることが分かります。

　温室効果をもたらす大気中の物質とは、水蒸気や二酸化炭素（Carbon Dioxide：CO_2）、メタン、オゾンなどの温室効果ガス（Greenhouse Gases：GHGs）や雲です。もし、大気中におけるこれら温室効果ガスや雲の量が増えると、温室効果が活発に働くようになり地球大気表層の気温が上昇します。人間の活動によって大気中の二酸化炭素などの温室効果ガスの量が増えており、この結果生じているのが地球温暖化です。この温暖化のメカニズムの先駆けに

なった研究がプリンストン大学の眞鍋淑郎博士らによる研究です。この業績により、眞鍋博士は2021年にノーベル物理学賞を受賞されています。

　今の社会では、二酸化炭素が温暖化の主要因としてクローズアップされ、悪者のように扱われていますが、上で紹介したように、そもそも大気中に二酸化炭素がないと地球の気温は現在ほど高くならず、重要な役割を担っています。地球温暖化として危惧されているのは、人為的に多量の二酸化炭素が大気中に供給されている点で、その供給スピードが非常に速いということです。大気中の二酸化炭素量は、過去数十万年でも増減してきました（図2）。一連の増減サイクルは、当然ながら人間の活動によるものではなく自然起源の現象によるものです。しかし、図2から明らかなように、近年の増加量とそのスピードは、少なくとも過去80万年の間では確認することができない程急激です。この特徴が見られるのは、産業革命以降、特に20世紀に入ってからであり、産業活動が活発化した結果と捉えることができます。また、同じく過去のデータを解析すると、大気中に排出された二酸化炭素濃度の積算値と気温上昇の間には正の相関関係があることが示されています（図3）。そのため、急激な二酸化炭素濃度の増加は、急激な温度上昇に直結し、結果として地球が温暖化していると考えられます。つまり、そもそも二酸化炭素は、地球大気を温かくする上で人間が産業活動を行う前から重要な役割を担ってきましたが、近年の人間活動

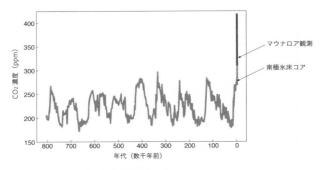

図2　大気中の二酸化炭素（CO_2）濃度の時間変化図
薄い線・濃い線はそれぞれ、南極氷床コア・マウナロア観測の結果を表す。
（出典：Paleo Data Search, National Centers for Environmental Information, https://www.ncei.noaa.gov/access/paleo-search/study/17975 を元に筆者作成）

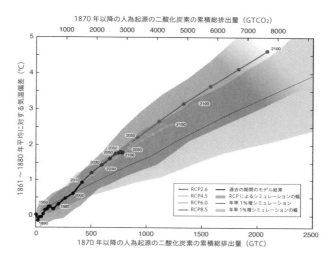

図3　人為起源の二酸化炭素（CO₂）の累積総排出量と気温偏差の関係図
　グラフの折れ線はそれぞれ、二酸化炭素の排出量を変えたシナリオ：RCP2.6・RCP4.5・RCP6.0・RCP8.5の結果を表す。黒実線は過去の期間のシミュレーションの結果を、細い実線は年率1％で増加するシミュレーションの結果を示す。濃い色の幅・薄い色の幅は、各RCPの結果の幅を表す。RCP（Representative Concentration Pathways：代表濃度経路シナリオ）は、将来の二酸化炭素排出量を想定した計算条件を示し、数値が大きいほど排出量が多いことを表す。
（出典：https://www.data.jma.go.jp/cpdinfo/ipcc/ar5/ipcc_ar5_wg1_spm_jpn.pdf）

　によって量が急増し、その急激な変化が地球大気のみならず様々な領域に影響を与え始めています。
　また、二酸化炭素と同じく、地球の気温自体も自然起源の諸現象により変動しています。例えば、地球の公転軌道の離心率・自転軸の傾きの周期的な変化と、自転軸の歳差運動によるサイクル（ミランコビッチサイクル）や、周期的な太陽活動の変化によって、地球の気温も変化すると考えられます。図2で見たような二酸化炭素の変動と同様に気温も変化し、二酸化炭素が少ない時代は、温室効果も弱く、気温が低かったとされています。現在の地球は、仮に人為起源の二酸化炭素が無かった場合、図2のサイクルを考えると、二酸化炭素濃度が高く、比較的暖かい時期に相当していることが分かります。それに人為起源の排出が重なることで、2023年現在では400ppmを超える値にまで達しました。これに伴って、気温も地球全体の平均で先の100年で約1度上昇しました。地球温暖化に伴う様々な影響が問題視されて久しいものの、現在も二酸

化炭素の排出のペースは衰えておらず、今後もしばらくの間は増加し続けると考えられています。

　400ppm 以上という二酸化炭素の絶対量や高まった地球の気温も重要なのですが、それより注視しなくてはならない点が、二酸化炭素の増加の割合です。日常生活に伴う様々な物事でもそうですが、ちょっとした変化には対応することが可能であるものの、急激な変化ほどそれに対応することが難しくなります。自然界も同様で、大気中の二酸化炭素・気温が急激なペースで増加していることが危惧されます。自然界には、例えば気温であれば多少変化しても自分自身で元の状態に戻そうとする過程が存在します。気温が少し増加したとすると、上述した地球からの放射されるエネルギー量が増加し、地球全体の気温が再び下がるように働きます。これはプランクフィードバックと呼ばれ、地球がそもそも持っている安定化するように働くプロセスです。一方で、海の水温が上昇すると、海に浮かぶ氷が溶けて、液体の部分の面積が増えて、より多くの太陽エネルギーを吸収するようになります。これは、氷の方が、海面が水の状態に比べて、多くの太陽光を反射するためです。すると水温がさらに上昇し、より多くの量の氷が溶け、太陽エネルギーの吸収量が増える……と、どんどん水温を上昇させるように働きます。これはアイス・アルベドフィードバックと呼ばれ、プランクフィードバックに対して、最初の変動（この例では水温の増加）を増長させるように働きます。これらの例のように、自然界には安定化させる過程と不安定化させる過程が入り混じって存在します。一度不安定化する過程が働くと、全く違う状態にまで遷移してしまう恐れがあります。気温や水温の増加の割合が小さい時には安定化するように働きますが、その増加の割合が大きいと不安定化する可能性が高まります。

● **コンピュータによって表現された地球**

　上述したような地球温暖化の現状は、世界中の気候変動に関する研究成果を取りまとめる IPCC（Intergovernmental Panel on Climate Change、気候変動に関する政府間パネル）の評価報告書に掲載されています。この報告書は数年に一度公表され、最新版である第 6 次報告書が 2021 年に公開されました。これまで

もレポートを公開する度に、人為起源の温室効果ガスの排出によって地球が温暖化している可能性が高いと指摘してきたのですが、2021年のレポートで、「人為起源の温室効果ガスの排出によって、地球が温暖化していることに疑う余地が無い」という非常に強いメッセージを配信しました。図4は、地球気候を再現する複数の研究機関のモデル（コンピュータで解くプログラム群）を用いて、人為起源の温室効果ガスを含んだ計算と含まない（自然起源のみの過程を考慮した）計算の結果得られた、地球表面の気温の時間変化を示しています。1960年頃までは両モデルともに、観測された気温をよく再現しているのですが、特に気温の上昇が顕著になり始めた1960年以降は、人為起源の温室効果ガスを含めないと実測値と乖離してしまいます。自然起源のみの過程を考慮した計算では、近年の温度偏差の上昇を捉えられていないことも分かります。これらの結果から、人為起源の温室効果ガスの排出によって、近年の地球温暖化がもたらされていることが分かります。

　IPCCの報告書では、過去から現在の分析に加えて将来の気候予測についても触れます。複数の研究機関によって、大型のコンピュータと様々な過程を考慮した気候モデルを用いて実施された、今後数十年～百年の予測結果が掲載さ

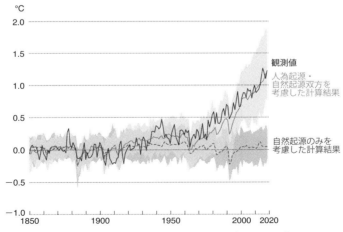

図4　全球平均した地表面気温の1850年からの偏差の時間変化図（IPCC 2021）
　黒実線は観測結果、細い実線は人為起源の過程を取り込んだ計算の結果、点線は自然起源のみの過程を考慮した計算の結果を表す。薄い色の幅・濃い色の幅は、それぞれの条件で行った複数の計算結果のばらつきを示す。（出典：気象庁 https://www.data.jma.go.jp/cpdinfo/ipcc/ar5/ipcc_ar5_wg1_spm_jpn.pdf）

れます。これまでに見たように、将来の気温も二酸化炭素の排出量に感度があることが想定されますので、複数の排出量シナリオを想定し、計算を行います（図5）。与えた排出量の条件に応じて、各シナリオのような二酸化炭素の排出量の制御が、実際の社会で実現可能であるか否かはまた別の問題ですが、少なくとも、このような予測の結果は、様々な分野で使える情報です。例えば、2050年に2015年から0.6度以内の温度上昇で抑えたい場合、この目標のために二酸化炭素の排出量を2015年の半分まで下げる必要があり、そのためには……といった取り組みが求められる、というような作戦の考案に繋げることができます。ここで注意しなくてはならないことは、以下で詳しく見るように、この結果にはある程度の誤差が含まれているという点です。

　誤差について触れる前に、そもそも未来の大気の予測をどのように行うのでしょうか？　一般的にどんなことでも、仮に近い将来だったとしても未来を予測することは難しい場合が多いと思います。ただ地球大気の場合、コンピュータ上に現実を模した地球を再現して、計算を行うことで、ある程度の精度で将来を予測することが可能です。もう少し具体的には、地球上のある地点の風や雲などが、時々刻々どのように変化するのかを表す方程式を、コンピュータで解けるように離散化（次段落参照）して、プログラムに表現します。風や気温などの各変数の時間変化の方程式が分かっていれば、前の状態から次の状態

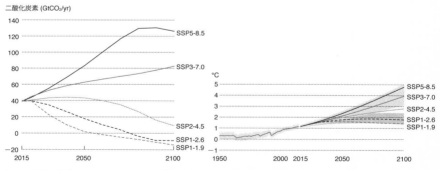

図5　（左）複数シナリオにおける二酸化炭素の年間排出量の将来変化と、（右）各シナリオの二酸化炭素排出量を与えて行ったシミュレーションの結果得られた気温偏差の時間変化図（IPCC 2021）
線の種類の意味は図3と同じ。右図の気温偏差は、1850年から1900年の間の平均値を基準としている。
（出典：気象庁 https://www.data.jma.go.jp/cpdinfo/ipcc/ar5/ipcc_ar5_wg1_spm_jpn.pdf）

（少し時間が経った後）を予測することができ、この作業を繰り返していくことで、未来の状態を計算することができます。この一連の方程式を記載したプログラム群のことをモデルと呼びます。

　離散化とは、水平・鉛直方向に広がる大気を有限の数の“空気の箱”に分け、各箱で気温や風などの変数の値を考え、時間方向にもある間隔で各変数の値が変化していくように設定することを意味します。例えば、水平 $50 \times 50 km^2$・鉛直 1km のサイズの空気の箱を考えて、その中の気温や風が 10 分ごとに変化する、という具合です。言い換えると、地球大気を有限個の空気の箱に分割し、それぞれの箱（地点）における気温や風の 10 分ごとの時間変化を考えることに相当します。ここで、考える風や気温は各箱の代表値です。それぞれの空気の箱に働く力を考える運動方程式を解けば、次の時刻（この例では 10 分後）の風を予測できますし、同じように空気の箱内の熱の変化の式を解けば、次の時刻の気温を求めることができます。この時、各方程式には風や気温などに影響を与える様々な過程が考慮され、それらの中には温室効果に相当する放射過程を介した温度変化の項も含まれます。ある時刻の気温や風の値から出発すると、10 分後の全ての空気の箱における値が求められ、この 10 分後の風や気温の値を使って、さらに 10 分後つまり最初の時間から 20 分後の値を求める……という流れで徐々に先の時間の値、つまり未来の状態を予測することが可能です。

　ただし、本来大気は“箱”には分けられておらず、解く方程式も連続的な流体（空気や水など）を考えていますし、そもそも全ての過程を完璧に定式化できている訳ではないため、得られた予測の結果には少なからず誤差が入ってしまいます。そこで、未来の予測を行う前には、まず各モデルを用いて様々な計算を実行し、過去の地球の状態をどの程度正確に表現できるかなどの検証を行って、現実的な値を再現できることを確認してから、将来予測を行います。より良い精度の計算を行うためには、モデル自体の高度化（解く方程式の高度化や離散化誤差の最小化など）、空間解像度の増加などが求められ、モデルの開発と高度化の過程には膨大な労力が必要です。モデルで扱われる過程としては、例えば、流体の運動方程式や熱力学の式などすでにある程度方程式が分かっているものから、雲に関わる過程など方程式はある程度分かっているものの計算負荷が大きすぎて実際の計算では簡略化せざるを得ないもの、そして地表面に

おける二酸化炭素の排出過程のように不確定性が大きくて表現が難しいものな
ど様々です。これらの過程を可能な限り精緻化すると、計算の結果生じる誤差
を抑えられると期待できます。一方で、一般的に解像度が細かい方がより精度
の高い、現実に近い結果が得られると考えられます。細かい解像度で計算を行
うためには、同じ範囲を計算するとすればより多くの空気の箱を扱う必要があ
るため計算負荷が増大し、高いコンピュータの性能が求められます。つまり、
予測精度の向上のためには、モデルの高度化と共に計算機の性能向上も不可欠
なのです。

　それでも誤差は生じてしまうため、例えば、複数の計算を行って結果の平均
をとることで、最も現実的な結果を得るというような方法を用いたりします。
これによって、各計算に入り込むランダムな誤差を取り除くことができます。
また、複数のモデルの結果を用いることで、各モデルが持っている系統的な誤
差（バイアス）をある程度除去することもできます。上で紹介した図３でも各
線の周囲に色が塗られていますが、それは各計算がどの程度ばらついていたの
かを表しています。一般的には、このばらつきが小さい方が計算結果間の違い
が小さいことに相当するため、より確からしい予測であることを表します。少
し細かい点に触れましたが、地球温暖化の予測にはある程度の不確定性が伴う
ものの、定量的にもある程度の信頼を置ける予測結果ですので、その不確定性
を理解した上で予測情報を利用していただければと思い、紹介しました。

　図５は、IPCC の第６次報告書によって示された 2100 年までの地球全体の
平均気温の時間変化図です。1850 年から 1900 年の間の平均値に比べての変
化量を示しています。二酸化炭素の排出量に応じたシナリオ毎の予測結果を示
しており、将来的に多くの二酸化炭素を排出するシナリオの方が、温度変化率
も高く、より高い気温になると想定されます。具体的には、計算開始の 2015
年時点ですでに１度ほど高いのですが、最も二酸化炭素排出量が多いシナリオ
で今世紀末にさらに４度増加すると予想されています。また、将来的に二酸化
炭素排出量を劇的に減らしたシナリオでも、気温の上昇を抑えることが難しい
ことも分かります。

　ここで紹介した点は日々の天気予報でも同様です。毎日配信される天気予報
も、スーパーコンピュータと気象モデル（離散化した方程式を記述したプログラ

ム群）を解き、未来予測を行った結果を発表しています。ただ、温暖化などの長期間の計算と比較すると、日々の天気予報では日本領域のみを解いていたり、解像度が高かったり（"空気の箱"の間隔が狭かったり）、考える時間が短いため計算を開始するデータに対する感度が高いなど、と異なる点もあります。いずれにせよ、行っている計算の内容の基本的な部分は同じであり、短期的な天気予報と長期的な将来予測を共に発展できる共通点が多くあります。

● 気象現象の将来変化と近年の事例

　地球温暖化に伴う気温や海水温の増加によって、台風などの気象現象も変化すると考えられています。例えば、台風は海から供給される水蒸気が、中心付近で雲になることで駆動しています。一般的に、水温が高い地域ほど多くの水蒸気が供給されるため、台風は強くなります。台風が低い緯度にいる頃の方が、日本付近に来た時よりも強い強度であることが多いのはこのためです。地球温暖化によって、海洋表層の水温も上昇しており、その結果として、強い強度まで達する台風の数も増えるという調査結果もあります。また、日本近海だけで考えても、100年で約1.2度のペースで水温が高くなっています。この結果、これまでは日本付近の比較的水温の低い海域で、やや減衰してから上陸していた台風も、強い強度を維持しながらやって来てしまうことになります。そのため、毎年のように台風が来襲する地域はもちろん、これまで台風による被害があまり生じなかった地域でも、強い台風による災害のリスクを考えなくてはなりません。

　また、地球が温暖化すると大気中に含まれる水蒸気の量が増えます。これは、一般的に空気に含めることができる水蒸気量（飽和水蒸気量）は、気温が高いほど多くなるという性質によるものです。つまり、温暖化に伴って気温が上昇すると飽和水蒸気量も増加し、今までよりも多くの量の水蒸気が大気中に含まれるようになります。水蒸気が凝結すると水になることから、水蒸気は雲の素です。そのため水蒸気が多い場では、一度雲が形成するとより多量の（液体の）水が生じ、結果的に激しい雨が降ることが考えられます。近年こういった傾向を表すような豪雨災害が立て続けに発生しました。ここではいくつかの事

例を紹介します。

　2017年の7月5・6日に、九州北部を中心に集中豪雨による土砂災害・洪水によって、甚大な被害が生じました（平成29年7月九州北部豪雨）。この豪雨は、梅雨前線付近に線状降水帯が複数生じて、限られた範囲に膨大な量の降水がもたらされた結果とされています。この時の天気予報では、被害が生じた各地でこれほどの豪雨を予想できていませんでした。狭い範囲に多量の降水をもたらす線状降水帯がいつ、どこで形成するのか、予測の難しさが明るみに出た事例でした。

　2018年の6月末から7月初旬にかけて、九州・四国・中国地方を中心として、梅雨前線や台風によって膨大な量の雨が降りました（平成30年7月豪雨）。その結果、河川の氾濫・土砂災害などが発生し、西日本を中心に多くの地域で甚大な被害が生じました。多くの観測地点で期間中に積算降水量が観測史上最大となったことからも、広い範囲で膨大な量の降水がもたらされたことが分かります。この事例でも線状降水帯の豪雨の要因として注目されました。

　2018年9月、台風21号が徳島県・兵庫県に上陸し、近畿地方を中心に被害を生じました。上陸時の台風の中心気圧は、「非常に強い」カテゴリーである950hPaで、これは25年ぶりのことでした。台風に伴う強風によって関西国際空港への連絡橋にタンカーが衝突し、高潮により空港の滑走路・ターミナルが浸水しました。この事例では、風水害によるものとしては当時として過去最高額の保険金が支払われました。

　2019年9・10月に台風15号・19号が立て続けに関東地方に上陸し、15号は東京湾を中心に強風による被害を、19号は東日本の広い範囲に大雨による被害を生じました。両者ともに、関東に上陸した台風では、データが存在する範囲において過去最強クラスの強度でした。台風15号は、比較的小さい台風でしたが、その強風によって千葉県で大規模な停電が発生しました（令和元年房総半島台風）。一方で台風19号は、サイズが大きく中心から離れた外側まで降雨帯を伴っていて、上陸する前から、東日本の広い範囲で大雨をもたらしました。その結果、広い範囲で河川の氾濫や土砂災害が発生し、甚大な被害をもたらしました（令和元年東日本台風）。

　これらの事例から、甚大な被害を引き起こす気象現象が、近年各地で多く生じていることが分かります。線状降水帯も台風も、そのメカニズムにおいて、大気中に含まれる水蒸気が雲になることが重要な役割を担うことが分かっています。温暖化に伴って大気中に含まれる水蒸気の量が多くなると、線状降水帯や台風などの雲を伴う気象現象がより激しくなり、降水量が増加すると考えられます。その一方で、上述したような気温が高い時に飽和水蒸気量が大きいという点は、気温が低い時に比べて飽和しにくいことを表しています。つまり、温暖化に伴って飽和しにくくなるということを意味します。これは、飽和しにくくなることから弱い雨の回数が減り、台風などの激しい気象現象が一度生じると多量の水蒸気を集めてより多くの降水量を生じるようになることを示唆しています。言い換えると、弱い雨が減って強い雨が増えるという気象現象の極端化が想定されます。

　図7は、1900年から2020年の間で、日本国内の観測地点で日降水量が200mm以上となった年間の日数（51地点の平均値）を示しています。年ごと

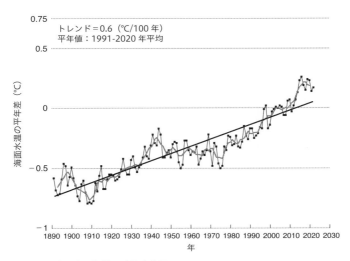

図6　全球で平均した海面水温偏差の時間変化図
　直線はこの区間における平均的な変化傾向を示す。（出典：気象庁 https://www.data.jma.go.jp/gmd/kaiyou/data/shindan/a_1/glb_warm/glb_warm.html）

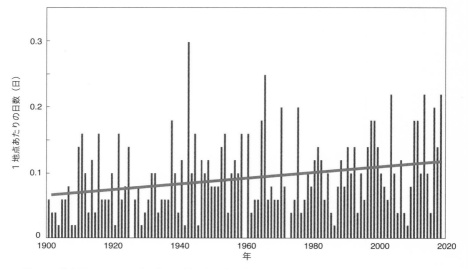

図7　日降水量 200mm 以上の年間日数の時間変化図
　直線はこの区間における平均的な変化傾向を示す。（出典：気象庁 https://www.jma.go.jp/jma/kishou/books/hakusho/2020/index1.html）

のばらつきはあるものの、長期的には豪雨の日数が増加する傾向にあります。地球温暖化によって、大気が含む水蒸気量の増加傾向が続く限り、今後も豪雨の日数増加の傾向が続くと考えられます。そのため、将来的に台風などの気象現象の構造・強度は変化していくことが予想され、今後これらの雨を伴う気象現象が出現した際には、過去の経験から大丈夫と判断するのではなく、避難を前提にして、適宜更新される防災情報をもとに、柔軟に判断をしていただければと思います。そのためにも、事前に家族や周囲の人と、避難経路や防災グッズなどについて話し合っておき、準備をしておくことが重要です。

レポート課題
問　地球温暖化の将来予測を行った時に誤差が生じてしまう理由を述べてください。

小テスト
問　次の文章中の空欄①〜⑧に入る最も適切な語句を答えてください。

　人為起源の過程を取り込まない計算では、近年の気温上昇を再現することができない一方で、取り組む計算結果は観測された気温上昇をよく再現していました。この結果は、地球温暖化が【　①　】によってもたらされていることを示しています。19世紀中盤からの気温の上昇量と、【　②　】には比例関係があることも、実測値・計算結果から示されています。こうした情報は、【　③　】によって数年に一度発行されるレポートにまとめられています。過去・将来共に、地球温暖化の議論を行う上では、コンピュータシミュレーションが欠かせません。シミュレーションはモデルと呼ばれる【　④　】を用いることで実行され、ある程度の精度で現実的な世界を計算することが可能です。

　地球温暖化によって気温が上昇すると、飽和水蒸気量が増加するため、大気中に含まれる【　⑤　】の量が増加します。そのため、一度雨が降ると【　⑥　】が増加すると予想されます。実際、日降水量が200mmを超える年間日数が、徐々に【　⑦　】ます。また、海面水温も上昇するため、海から大気に供給される水蒸気の量が増えて、その結果台風が【　⑧　】と考えられます。

4 物理学の視点から考えるエネルギーと温暖化対策
【自然科学②】

● 化石燃料とエネルギーの起源

　ここではエネルギーという観点で、物理学の視点から地球温暖化の対策についてみていきます。後に述べるように、速度や高さ、熱、電気、光など、単純にはその大きさを比べることができないものでも、エネルギーとして定量化すると、それらを互いに比べ、相互に変換もできます。

　3章でこれまでみてきたように、地球温暖化の原因は、その大部分が人為起源の二酸化炭素であることがわかってきました。人為起源とわざわざ文言を追加するのは、人々による石炭、石油、天然ガスなどの化石燃料の燃焼に起因する二酸化炭素だからです。18世紀半ばから石炭を利用した蒸気機関による産業革命が起こりましたが、このころから二酸化炭素量が増加しています。

　石炭は、木などの植物が堆積し、土砂や地熱によって高温高圧下で酸素や水素が抜けていくことで生成されます。これには長い時間が必要です。一方で、石油や天然ガスは生物や藻などが堆積し、長年かけて圧縮・分解されてケロジェンと呼ばれる有機物となり、さらに分解されて液体またはガスとして生成されます。これら化石燃料は主に炭素と水素からできていますが、固体である石炭には、窒素や硫黄も含まれています。石炭を燃やすと窒素酸化物（NOx）や硫黄酸化物（SOx）も生成され、大気汚染の原因になります。

　このように化石燃料は生物由来ですが、植物は太陽の光を受けて光合成をすることで、自らの体を生成・成長させます。つまり、化石燃料は太陽エネルギーを長年かけて貯蓄したものといえますが、それを人類は300年足らずで使い尽くそうとしています。

　他のエネルギー源は、どのようなものがあるのでしょうか。太陽光発電はまさに太陽の光を利用しています。風力発電は地球が太陽に暖められたことによって発生した風を利用しています。水力発電は、海が太陽によって暖められ、生成された雲が山で雨を降らせ、湖やダムに溜まった水を利用しています。こ

のように、ほとんどのエネルギー源は、太陽に由来しています。

　太陽由来以外のエネルギー源としては、原子力（核）があります。鉄よりも原子番号の大きな放射性元素は、核分裂することによってエネルギーを生成します。地熱はこの核分裂がエネルギー源です。原子力発電では、ウランの核分裂を利用しています。太陽は、水素が高温高圧で結合してヘリウムを生成する核融合によってエネルギーを生み出しています。潮汐発電では、月の引力による潮汐力が利用されています。

● エネルギー資源とエネルギー保存則

　化石燃料の可採年数はおよそどれくらいでしょうか。石炭は約130年、石油は約50年、天然ガスは約50年といわれています。これらの年数は、いま見つかっている炭坑や油田から見積もった数字です。今後利用していくことで可採年数は減るはずですが、新しく炭坑や油田が発見されるので、ここ何十年あまり減っていません。とはいえ、限りある資源ですので、いつかは使い尽くしてしまうことになります。地球温暖化を抑止するためには、今後は、「枯渇するから利用しない時代」から、「利用できるが利用しない時代」への変化が求められています。

　物理学における大事な概念として、「エネルギー保存則（熱力学第一法則）」があります。損失さえなければ、エネルギーは保存され、様々な形態のエネルギーに変換できるとする法則です。ジェットコースターは、高い位置から落下することで高速な運動が実現します。位置エネルギーを運動エネルギーへ変換しています。ジェットコースターを水に置き換えると、ダムで貯めた高い水位の水を落下させて、高速の水流でタービンを回して電気に変換するのが水力発電です。位置エネルギーを運動エネルギーに変換し、更に電気エネルギーに変換しています。表に、エネルギーの種類とその具体例・エネルギー源を示します。

　白熱灯では、電流をニクロム線に流して、熱と光を発生させます。電気エネルギーを熱エネルギーと光エネルギーに変換しています。原子力発電では、核分裂による原子力エネルギーを熱エネルギーに変え、蒸気を発生させて、蒸気

エネルギーの種類	具体例やエネルギー源
力学的エネルギー	位置エネルギー・運動エネルギー
電気エネルギー	電気
原子力エネルギー	核分裂・核融合
光エネルギー	光
化学エネルギー	燃焼・電池
熱エネルギー	温度

表　エネルギーの種類とその具体例・エネルギー源（出典：筆者作成）

タービンを回して、電気エネルギーに変換しています。化石燃料を燃やす場合は、炭素と水素に酸素が結合して化学反応を起こして、二酸化炭素と水が生成されます。化学エネルギーが、熱エネルギーに変換されています。

　このように、自由にエネルギーは変換できますが、実際には損失が発生してしまいます。ジェットコースターであれば、車輪がレールと摩擦をして熱となり、損失が発生します。すなわち、熱が発生すると損失になってしまいます。エネルギーは自由に違う形態に変換できる可逆性があるのですが、熱エネルギーだけが元に戻せない、不可逆性があります。これが大切です。この概念を「熱力学第二法則」と呼び、「エントロピー（乱雑さ）の増大」ともいいます。高温の物体を放置しておくと最終的には環境の温度（外気温や室温）になります。熱には方向性がある、これが不可逆性です。損失を減らしたければ、熱にできるだけ変換しないことが大事になります。

● **電力構成比**

　では、どのエネルギーを利用するのが良いのでしょうか？　それは、一番安心・安全でクリーンな電気エネルギーになります。電気に変換しておけば、それを熱にも光にも容易に変えることができ、ものを動かすこともでき、様々な用途に利用できる点も利点となります。よって、発電が重要になります。加工されたエネルギーを2次エネルギーと定義しますが、そのほとんどが発電によってつくられた電気エネルギーです。他には、都市ガスなどがわずかに含ま

れます。一方で、輸送や熱発生などに直接利用されるエネルギーを含めて、1次エネルギーと定義します。

　化石燃料のなかで、一番利用しやすいのが液体の石油です。先に示したように、電気エネルギーは、化石燃料や太陽光、風力、水力、原子力など様々なエネルギー源から変換できます。世界の国々は、1970年代に2回のオイルショックを経験したことで、石油製品やガソリンにも利用できる石油を、できるだけ発電には利用しないようにしました。その結果、国によって、発電に利用するエネルギー源に特徴がでてきます。石炭は世界各国に広く分布していますが、特に中国、インド、ドイツでは自国で安価に採掘できるので、石炭が主要電源として利用されています。ロシア、イタリア、イギリスでは、天然ガスが主要電源です。カナダ、ブラジルでは豊富な水源があるので、水力が主要電源です。フランスは原子力に力を入れており、電源の約7〜8割が原子力です。

　日本で、オイルショック以降に石油の利用が減ったのは他国と同様です。エネルギー資源が少なく、輸入に頼るため、石炭、石油、天然ガス、原子力、水力とできるだけ電源（電気を作るためのエネルギー資源）を分散することでエネルギーの安全保障を目指してきました。「原子力・エネルギー図面集2021」によると、東日本大震災前は、原子力29％、石炭25％、石油7％、天然ガス29％、水力9％、太陽光などの新エネルギー1％（2009年）でしたが、震災後は原子力がほとんど停止状態のため、原子力6％、石炭32％、石油7％、天然ガス37％、水力8％、太陽光などの新エネルギー10％（2019年）と、76％が化石燃料となっています。最近では、太陽光発電に代表される再生可能エネルギーが増加しており、全体の約1割を占めるまでになってきました。

● 化石燃料・原子力によるエネルギーの変換方法

　石炭、石油、天然ガスの違いは、炭素量の違いです。天然ガスの主成分はメタンですが、炭素が多くなると気体から液体の石油、さらに固体の石炭となります。そのため、燃焼した際に最も二酸化炭素を排出する燃料が石炭です。逆に最も二酸化炭素排出量が少ない燃料が天然ガスです。その結果、天然ガスは、化石燃料の中では一番クリーンな燃料といわれます。

　石炭は、火が付きやすくするために、石臼のようなミルで、ミリメートル以下の微粉炭とよばれる粉にします。それをボイラーに入れてバーナーで火をつけ、燃焼します。その燃焼ガスでボイラーの周りに張り巡らされた水管を熱し、水管内の水を蒸気に変えます。その蒸気で蒸気タービンを回して、タービン発電機で電気に変換します。

　ここでタービン発電機を利用するのがポイントです。ファラデーの電磁誘導の法則を、ご存知でしょうか。図にファラデーの電磁誘導の法則とタービン発電機の説明図を示します。らせん状に巻いた銅線（コイル）に、磁石を近づけたり、遠ざけたりすると、コイルに流れる電流の方向が変わります。これが交流電流です。タービンの回転によって磁石が回転し、コイルを横切ることで交流電流を生成します。この電気変換の特徴は磁石とコイルが非接触である点です。そのため、摩擦による熱の発生を非常に小さくできます。結果として、損失の少ない約90％の変換効率で、回転するタービンの運動エネルギーを電気エネルギーに変換できます。そのため、多くの発電において、タービン発電機による発電が行われます。

　このように熱を利用したエネルギー機関を熱機関と呼びます。熱エネルギーは損失を伴いますが、理想的にその損失がない場合でも、燃料の持つエネルギーをすべて他のエネルギーに変換することができません。それを理想効率と呼びます。燃料を燃やして1000℃（絶対温度で1273K）の熱エネルギーを発生したとしても、気温が15℃（絶対温度で288K）だとすると、利用できる熱落差は15℃までとなります。15℃より温度を上げる、下げる場合には、仕事（力と力を掛けたの方向への距離の積。気体の場合は、膨張や圧縮などによる仕事に相

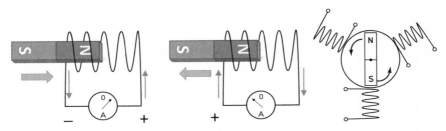

図　ファラデーの電磁誘導の法則とタービン発電機

当）が必要となります。よって取り出される最大の仕事は 1273K－288K=985K に比例します。発生する熱エネルギーは 1273K に比例するので、理想効率は 985/1273×100=77.4% となります。環境の温度、つまり気温は一般には変更できないので、理想効率を高めるには、燃料を燃やした温度、すなわち熱源の温度を上昇させることが必要になります。このように熱機関では、熱源の温度を上昇させることが高効率化に繋がります。

　石炭にはボイラーの水管を腐食させるような物質が含まれているので、温度を上げることが困難です。高温でも腐食に耐えられる材料開発が進むことで、熱源の温度を上昇させることができます。最近では、燃焼温度を 600℃ まで上昇でき、発電効率が 40% を超えるまでになりました。

　天然ガスの主成分はメタンであり、石炭のような腐食に寄与する物質が含まれていません。そのため、最近では 1500℃ まで燃焼温度を上昇させることが可能になってきています。これほど高温だとジェット機でも利用されているガスタービンを燃焼ガス（二酸化炭素と水蒸気）で回すことができます。ガスタービンを回して仕事をした後でも 800℃ くらいの温度があるので、その燃焼ガスを排熱回収ボイラーに導いて蒸気を作り、蒸気タービンを回すことができます。このように 2 種類のタービン（熱サイクル）で電気を作るので、コンバインドサイクルと呼ばれる高効率な発電が可能となります。1500℃ のガスタービンを利用したコンバインドサイクルの場合、発電効率は約 58% です。

　蒸気タービンでは、水が蒸気に変わる大きな体積変化を利用できます。これをランキンサイクルと呼び、熱源が低温でも大きな仕事を取り出すことが可能となります。一方で、ガスタービンでは、気体のみを利用するので、高温での利用が前提となります。これをブレイトンサイクルと呼びます。これら 2 つのサイクルを組み合わせるので、先述のようにコンバインドサイクルと呼びます。

　原子力では、天然に 0.7% しか存在しないウラン 235 をウラン 238 との質量差を利用した遠心分離によって数 % まで濃縮したものを燃料に利用します。その濃縮ウランにゆっくりと中性子を衝突させることで、核分裂し熱と同時に 2 つ以上の中性子を放出します。この中性子がさらに濃縮ウランと衝突することで、2 倍 2 倍と反応が進みます。これを連鎖反応と呼びます。この反応を制御しながらゆっくりと進める装置が原子炉です。ホウ素などを利用した制御棒

で中性子を吸収して、その数を制御しています。核分裂反応の制御性から熱源の温度は300℃程度としています。その結果、発電効率は30％程度ですが、体積あるいは質量あたりのエネルギー量を表す「エネルギー密度」が圧倒的に高いのが原子力（核）エネルギーです。100万kWの大型火力発電所を24時間運転するために、石油は140万トン必要であるのに対して、濃縮ウランは30トンで足ります。燃焼では原子と原子が電子を介して結合している電磁力（クーロン力）を解放するので、数電子ボルトのエネルギーが得られます。1電子ボルトは、電子が1ボルトの電圧で加速された際に得るエネルギーです。燃焼に対して、核分裂では原子の中心にある原子核を構成する陽子や中性子が結合している核力を解放するため、燃焼で得られるエネルギーの数百万倍になります。

● 再生可能エネルギーの変換方法

　再生可能エネルギーについて見ていきましょう。再生可能エネルギーは、化石燃料やウランのように、限りある資源ではない、太陽光や風力、バイオマスなどがエネルギー源となります。

　世界で最も発電量が多いのが風力発電です。偏西風が常に吹く欧州で発展してきましたが、最近では砂漠など広大な未利用地がある米国や中国で発電量が急増しています。日本では、陸上には適したところが北海道や東北、九州や離島などと多くありません。しかしながら、洋上にはかなりのポテンシャルがあります。ただし、欧州の海は遠浅なので風力タービンを海底に固定する着床式が多く利用できるのに対して、日本の海は急に深くなるので、風力タービンを海に浮かべて設置する浮体式が多くなります。洋上風力は、建設費や維持費が陸上風力に比べて高額になることや漁業権との関係もあり、本格的な導入はこれからです。大型風力では、風力タービンの高さが数百メートルにもなります。これほど大きくなると翼の強度を保つことも重要になります。風が衝突した抵抗で翼を回す抗力タービンではなく、飛行機の翼のように、風の流れによって発生する揚力を利用した揚力タービンを利用しています。一方で、翼の数は軽くするためには少ないほうが良いのですが、継続的に回転しやすくするために

3枚式が一般的です。翼が回転している円の面積に対して、翼は3枚しかあり
ませんので、ほとんどの風はすり抜けていくことになります。回転数を調整す
る増速機での損失もあり、発電効率は約20 - 40%となります。ただし、風力
発電は、翼を長くすればするほど、風をとらえる円の面積が長さの二乗で増加
するので、翼が長いほうがより効率的に多くの発電量が得られます。規模の経
済、スケールメリットがあります。よって、風力の発電量は大型風力を導入し
ていくことで飛躍的に増加していきます。ただし、風が吹かないと発電できま
せん。その稼働率を設備利用率といいますが、風力では平均30%くらいです。
いつも発電しているわけではなので、火力発電や原子力発電と比べて、総発電
量が低くなります。風の体積当たりの運動エネルギーは、燃焼や原子力のエネ
ルギーに比べて、エネルギー密度が低いので、多くの発電量を得るには、大き
な設備利用面積を必要とします。

　次に世界で発電量が多いのが、バイオマス発電です。バイオマスの中でも、
木質バイオマスでは、間伐材などの未利用木材を乾燥させて、燃料にします。
乾燥させる工程が発生しますが、石炭が植物由来であったように、その発熱量
は同程度あります。つまり、エネルギー密度が化石燃料並みに高いことが大き
なメリットとなります。木材を燃やせば二酸化炭素がでますが、森林は光合成
のために二酸化炭素を吸収し、炭素を固定化してくれます。このように、発生
分と吸収分がバランスする状態を、カーボンニュートラルといいます。バイオ
マスはカーボンニュートラルを維持できていれば、有効なエネルギー源となり
ます。バイオマス発電には、廃棄物を利用した廃棄物発電も含まれます。廃棄
物は必ず出てくるものなので、利用価値が高いですが、発電ができるまでの量
が集まるのは都市部に限られます。日本では、生ごみが多いのですが、湿度が
高いので、腐敗防止といった衛生上の観点から、発電ではなく焼却処理を行っ
ている自治体が多い状況です。生ごみは堆肥化するかディスポーザーで粉々に
して下水に流すなど、他のごみと分けて処理すれば、発熱量の高いごみが集ま
り、発電が可能になります。欧米ではそのようにして廃棄物で発電を行ってい
ます。

　次に発電量が多いのが、太陽光発電です。以前は固定価格買取制度の導入も
あり、欧州や日本が発電量でリードしていましたが、最近では風力と同様、未

利用地の砂漠が多い米国や中国の発電量が急増しています。LED照明で利用されている発光ダイオードは、マイナスの電子が余っているＮ型半導体と電子が少なくプラスの電荷（正孔）が多いＰ型半導体を重ねてできています。ここに電流を流すことで、それぞれの半導体の接面でマイナスの電子とプラスの正孔が結合して光が放出されます。逆にダイオードに光を当てると電子と正孔が分かれて行き、回路に電流が流れ、発電します。標準的なシリコン型の太陽光発電の発電効率は約15％です。太陽光発電も太陽が出ていないと発電できないので、設備利用率が約12％と低く、総発電量はさらに低くなります。また、風力のようにスケールメリットがありません。太陽光パネルを敷き詰めた分だけ電力が得られます。よって敷き詰める面積が多く必要になります。

　続いて、地熱発電が続きます。地熱は、火山帯がある国では特に利用しやすいエネルギー源です。日本でも利用可能ですが、熱水をそのまま吸い上げると地盤沈下や熱水の枯渇が懸念されます。そこで、熱い地層に水管をいれて、その水を沸騰させて利用することが考えられます。150℃以上の熱水資源を活用できる場所は北海道、東北、九州の温泉地にあります。一方で、53℃-120℃の熱水資源は東日本に広く分布しています。この温度では水を沸騰させるのではなく、熱水と熱交換して沸騰が可能なアンモニアなどの低沸点の液体を利用し、タービンを回します。このような方式をバイナリー発電と言います。地熱利用に適している場所は開発が制限される国立・国定公園の近くであることもあり、その水管を公園外の土地から公園内の地下に向かって、斜め上から斜め下に入れることを可能にするなど従来の規制を緩和して利用を促進しています。他にも、中小水力発電があります。大規模な水力はすでにダム建設が行われ、これ以上の開発は困難ですが、川の水を取水して落差によってタービンを回し、またもとの川へ戻すことで、水源の水量を減らすことなく発電する方式です。それぞれ単体の規模は小さいものの、日本全国で利用可能です。

● 温暖化対策としてのカーボンニュートラル

　2015年９月に、「Transforming our world：持続可能な開発のための2030アジェンダ」いわゆる持続可能な開発目標（Sustainable Development Goals：

SDGs）が、国連サミットにおいて加盟国の全会一致で採択されました。2030年までの国際目標として 17 のゴールと 169 のターゲットが設定されました。その中のゴール 7 が「エネルギーをみんなにそしてクリーンに」、ゴール 13 が「気候変動に具体的な対策を」です。

　同じく 2015 年 12 月、国連気候変動枠組条約締約国会議（COP21）において、パリ協定が採択されました。京都議定書の後継として、2020 年以降の温室効果ガス排出削減等のための新たな国際的な枠組みです。世界の平均気温上昇を産業革命以前に比べて 2℃より十分低く保ち、1.5℃に、21 世紀後半には、温室効果ガス排出量と（森林などによる）吸収量のバランスをとるカーボンニュートラルを実現することを目標にしています。京都議定書と異なり、180 か国以上の国が協定に加盟しています。一方で、削減目標には法的拘束力がない、自主努力目標となっています。現在の各国の削減目標を積み上げても、上記の目標は達成できません。そこで大きな技術革新や意識の改革が必要となります。

　先にも述べたように、温室効果ガスのなかで一番問題となっているのは人為起源の二酸化炭素です。パリ協定の目標を実現するために、どのような技術で削減可能かを逆算すると、まずは省エネ化が必要です。省エネに関しては、日本ではトップランナー方式を採用して、毎年エアコンや自動車のエネルギー効率や燃費が向上しています。しかしエネルギーを使用する限り省エネによる二酸化炭素の削減量には限界があります。そこで、再生可能エネルギーの大規模導入が必要になります。再生可能エネルギーによって電気を作ることはできますが、産業によっては燃料の直接燃焼でしか達成できない高温が必要な場合があります。このような産業では、水素やアンモニア、バイオ燃料などを利用することで、化石燃料からの燃料転換を目指します。過渡期には、原子力導入が必要かもしれません。同じく、どうしても化石燃料の直接燃焼が必要な場合は、二酸化炭素を地中に埋める CCS（Carbon dioxide Capture and Storage）、さらにコンクリートやメタン製造などに有効利用する CCUS（Carbon dioxide Capture, Utilization and Storage）が必要と考えられています。発電所や工場の発生源で二酸化炭素を回収するのが効果的です。

　2050 年にカーボンニュートラルを達成するという観点では、ネガティブエミッション（負の排出）と呼ばれる二酸化炭素の積極的な回収（CDR：Carbon

Dioxide Removal）が検討されています。バイオマス燃料を利用する場合でも、二酸化炭素は回収するシステム（BECCS：Bioenergy with CCS）が必要になります。それでもなお、二酸化炭素の削減が必要な場合は大気からの直接二酸化炭素回収（DAC：Direct Air Capture）も必要とされ、研究が進められています。

　太陽光発電が各家庭に広まってくると家や地域の電気を昼に発電して余剰分は蓄電もしくは熱水を製造し、夜間に蓄電した電気や熱水を利用することが可能になります。家や地域での発電量や電気機器の消費電力量を把握し、消費者や自治体が自らエネルギーを管理するシステム（HEMS：Home Energy Management System、CEMS：Community Energy Management System）によって、家や地域の省エネ化が促進していきます。

　電気は便利ですが、大規模に貯蔵しておくことができません。需要に合わせて、電気を作って供給をしています。火力発電では、燃料供給量を変化させることで発電量を容易に制御できますが、太陽光や風力ではその制御が困難です。そこで、例えば、作りすぎた電気で水を電気分解してエネルギー密度の高い水素を製造し、エネルギー媒体として貯蔵や輸送することが検討されています。また、より積極的に需要のピークを低下させてピーク発電量を減少させるデマンドコントロールという経済的手法も検討されています。需要の高い時間帯の電気料金を上昇させることで、利用時間帯を変化させたり、使用を控えさせたりすることで、電力需要の平滑化を目指します。

● 日本のエネルギー政策

　日本は、陸上風力に適している場所が少ないですが、それでも利用できる場所での導入が必要です。さらに、省エネ化に加えて、太陽光発電の利用促進が大切になります。一方で、太陽光発電や風力発電のために二酸化炭素の吸収源である森林を伐採することは、カーボンニュートラルのみならず環境保全という観点からも問題となります。よって、すべての二次エネルギー、さらには一次エネルギーまで再生可能エネルギーで賄うには、洋上風力の導入が必須になります。海に囲まれた日本では、そのポテンシャルは甚大ですが、経済性や環境への配慮を考えると、まだまだ不確定な部分が多く残っています。

　集中電源では、上流である発電所から下流の家や工場などへ、一方向に電気を送電すればよく、単純でした。再生可能エネルギーのような分散電源では、大量の電源に対して送電線を張り巡らせ、双方向にやり取りをする必要があります。各建物の電力需要をリアルタイムに知るために、スマートメーター（デジタル電力計）も必要になるでしょう。また、季節・日時変動が大きな太陽光発電や風力発電が大量に送電網に接続された場合、その変動を平滑化するために、より大きな地域での接続による変動吸収が必要になります。つまり、送電網の充実化が大きなカギになります。欧州では各国で電力の融通ができるように送電網が充実しています。これが欧州で再生可能エネルギーの導入が進んでいる要因の一つになっています。日本では、どのように送電網の充実化を図ればよいでしょうか。送電線には流せる電気の容量が決まっています。再生可能エネルギーから発電した電気を送電しようとしても、その容量はすでに一杯のため、送電網に送電させてもらえません。しかし、現在の使用容量はかなり安全に見積もられており、地域や日時によっては、まだ容量に余裕があることがわかってきました。そのような空き容量をうまく使うことで、まずは送電線の有効利用を図ることが重要です。太陽光や風力のエネルギー資源が豊富な地域は、先に述べたように北海道、東北、九州です。このような地域から大都市圏への電力供給量を増やすための送電網の充実が必要です。日本の電気は、静岡県の富士川と新潟県の糸魚川を境に、東日本では50Hz（ヘルツ：一秒あたりの振動数あるいは周波数）、西日本では60Hzと周波数が異なります。これは、明治時代に東日本ではドイツから、西日本ではアメリカから発電機を輸入したことに起因しています。その周波数を変換する設備をもっと増やすことで、東西の電力融通が容易になります。

　2050年のカーボンニュートラルに向けて、日本では、やるべきことが多くありますが、エネルギー源の大半を化石燃料の輸入に頼る社会から、再生可能エネルギー化を図ることでエネルギー自給率の高い社会へ変化することが求められています。そのためには、「安全性（Security）」に加えて、「エネルギーの安定供給・安全保障（Energy Security）」、「経済効率性（Economic Efficiency）」、「環境適合性（Environment）」のS+3Eを満たすエネルギー政策が求められています。

> ### コラム　ジオエンジニアリング（気候工学）
>
> 気候を人工的に変化させるジオエンジニアリングというアイデアがあります。地球温暖化を抑制するために、例えば、二酸化炭素を積極的に回収して減らす CDR（Carbon Dioxide Removal）は、その一つの手法です。他にも、太陽放射管理（SRM：Solar Radiation Management）があります。宇宙空間に反射率の高いものを設置する手法や成層圏にエアロゾルのようなものを浮遊させて太陽放射量を減少させる手法、さらには地表の反射率（アルベド）を高めて、地球外への放射量を増やし、地球の温度を下げる手法などがあります。どれもこれからの技術ですが、人工的な気候操作は副作用の可能性があり、慎重な取り組みが必要とされています。

参考文献

［1］　ポール・ホーケン（2020）『DRAWDOWN ドローダウン―地球温暖化を逆転させる 100 の方法』，山と溪谷社.

［2］　安井伸郎（2018）『新版 エネルギーの科学（第 2 版）―人類の未来に向けて』，三共出版.

［3］　伊藤剛・岡本浩・戸田直樹・竹内純子（2017）『エネルギー産業の 2050 年　Utility3.0 へのゲームチェンジ』，日経 BP.

レポート課題

問　日本において、2050 年にカーボンニュートラルを目指すには、どのような方策が必要か。カーボンニュートラルとはどのような意味かを、まず述べてから、次の用語うちどれかひとつを使って、その用語に対する具体例を提示して説明ください。

（用語：省エネルギー、再生可能エネルギー化、燃料転換、CCUS）

小テスト

問　次の各文章の内容が正しいか、誤っているかを判定してください。

⑴　風力は太陽エネルギー起源ではない。

⑵　フランスは 2019 年、電気の約 7 割を原子力から生成している。

⑶　熱エネルギーは不可逆である。これを熱力学第一法則と呼ぶ。

⑷　コンバインドサイクルとは、石炭と天然ガスを組み合わせて発電する方式である。

⑸　2015年時点において、世界全体で最も発電量が多い再生可能エネルギーは太陽光発電である。

「水俣病問題」は私たちに何を問いかけるか

　皆さん、水俣病をご存じでしょうか。誰しも一度は聞いたことがあると思いますが、詳しく学んだことのある方は少ないかもしれません。

　水俣病問題は、公害の原点、あるいは環境行政の原点とも言われ、これまで60年以上にわたって被害を受けた方々やその支援者、研究者、行政関係者など多くの人達が問題の解決を目指して努力を続けてきましたが、いまなお最終解決に至っているとは言えない難しい課題です。ここでは、水俣病の歴史といまを紹介しつつ、この問題が私たちに何を問いかけているかを考えてみたいと思います。

　終戦から10年がたち、経済白書で「もはや戦後ではない」とうたわれた1956年、熊本県水俣市の漁村に住む少女が、手足がしびれる、口がきけない、食事ができないなどの重い症状を訴えてチッソ水俣工場附属病院に運び込まれました。他にも似た症状の患者がいたことから病院は原因不明の疾病が発生していると保健所に報告しました。現在はこれが水俣病の公式確認と言われています。同時期に症状を訴えた方の中には寝たきりになったり意識を失ったり壁をかきむしったりして亡くなった方々もいました。当初は伝染病が疑われ、新聞は奇病と報じ、地元では買い物をしても手でお金を受け取ってもらえなかったり隣家が垣根を作ったりするなどの差別もあり、地域の人間関係が破壊されました。その後原因究明が進められ、3年後の1959年に熊本大学医学部の研究班が工場排水による有機水銀が原因の中毒であるとの見解を発表しました。結果的にはこの発表が正しかったのですが、当時はこれに反対する研究者などもおり、それをマスコミもとりあげ、科学的不確実性が残る部分もあったために発生源は確定されませんでした。

　一方、地元の住民も黙ってはいませんでした。漁民や症状を訴える住民は原因として疑われる地元の新日本窒素肥料株式会社（後のチッソ株式会社、以下「チッソ」）に対して工場排水の浄化や補償などを求めてデモや座り込みなどを行いました。この頃チッソ附属病院で行われた実験では工場排水をかけたエサを食べたネコに水俣病と似た症状が確認されていたのですが、残念ながらこの科学からの警鐘に耳が傾けられることはなく、被害を防ぐための適切な対応はとられませんでした。また、チッソと住民との間で見舞金契約が締結されましたが、この契約には「将来水俣病がチッソの工場排水に起因することが決定した場合においても新たな補償金の要求は一切行わな

い」との内容が含まれており、後の裁判でこの契約は公序良俗違反で無効と判断されることになります。

　この時期、行政による対策もほとんど進展せず、水俣病問題は数年間に渡って原因が曖昧なまま社会的にほぼ忘れ去られることになります。当時のチッソはプラスチックの製造などに重要な役割を担い、日本の化学工業をリードする存在だったことから、行政が被害の拡大を防げなかった背景には日本の高度経済成長全体に及ぼす影響への配慮が大なり小なり働いたことも想像されます。その後、新潟でも水俣病が発生してしまったことなどが契機となって、1968年に政府はようやくチッソ水俣工場の排水が原因だという見解を発表しましたが、この時すでに公式確認から12年が経過していました。「これは遅い、あまりにも遅い政府の決断であった。私もその攻められるべき政府の一員である。」というのは、旧厚生省の初代公害課長を務めた橋本道夫さんの言葉です（橋本道夫『私史環境行政』朝日新聞社、1988年）。

　1970年代に入ると新潟と熊本でそれぞれ原因企業の損害賠償責任を全面的に認める判決が言い渡され、企業責任が追及されました。この後、チッソは救済を求める住民との間で合意した補償協定に基づいて補償給付を行っていくことになります。後の研究では、健康被害や漁業被害、環境再生など水俣病に関わる損害額は年間約126億円であるのに対し、チッソが水俣病発生当初にとるべきであった汚染防止対策費用は年間約1億円にとどまると試算されており、経済性を優先して環境への配慮を疎かにした選択が、結果として経済的ではなかった、と言われています（地球環境経済研究会編著『日本の公害経験』1991年）。一連の判決を受けて政府も迅速な救済を図るために「公害健康被害の補償等に関する法律」（以下「公健法」）を制定し、またこれ以外にも感覚障害など一定の症状を訴える住民に対して二度の政治救済を行って合計5万人を超える方々を救済しましたが、いまでもなお公健法の認定や訴訟による救済を求める方々がいらっしゃいます。その背景には水俣病か否かの医学的な判断の難しさなど様々な要因があるのですが、ここではこれ以上深入りしないでおきます。

　水俣病を発生させ、その被害を拡大させてしまったという経験は、当時の時代背景や社会的状況を踏まえてもなお、初期対応の重要性や、科学的不確実性のある問題への対応など、いまに通じる教訓を私たちに投げかけています。チッソの初期対応については後の裁判で「被告工場は全国有数の技術と設備を誇る合成化学工場であったのであるから、その廃水を工場外に放流するに先立っては、常に文献調査はもとよりのこと、その水質の分析などを行って廃水中に危険物混入の有無を調査検討し（中略）

万が一にもその廃水によって地域住民の生命・健康に危害が及ぶことがないようにつとめるべきであり、そしてそのような注意義務を怠らなければ、その廃水の人畜に対する危険性について予見することが可能であり、ひいては水俣病の発生をみることもなかったか、かりにその発生をみたにせよ最小限にこれを食い止めることができた」と指摘されました（熊本水俣病第一次訴訟第一審判決（1973年3月20日））。また行政の対応についても後の研究で「水俣病の最も厳しい教訓は、発生源と原因物質の確定をめぐる科学論争をたてに、各省庁の権限関係も障害となって、政治的・社会的に政府の政策決定まで12年もかかり、その間に汚染と被害が拡大し、さらに第2水俣病が発生したことである」と評価されています（橋本道夫編『水俣病の悲劇を繰り返さないために』中央法規、2000年）。私たちはいまでも予期せぬ災害や事故にみまわれ初期対応が求められることもありますし、気候変動や生物多様性、資源循環など一定の科学的不確実性が伴う社会課題にも直面しています。こうした問題と向き合うにあたって、水俣病の教訓をどう活かすかが問われているように思います。

　また、発生当初から水俣病患者さんに寄り添った原田正純医師は、水俣病発生当時のことを振り返り「『何か知らんけど、漁村地帯でイヤな病気が起こって、水俣の名誉を傷つけている』みたいな、そういう差別をすごく感じ（中略）いろんな公害現場をうろうろしたんですけども、公害が起こると差別が起こるんじゃなくて、『もともと差別のあるところに公害問題は押しつけられるんだな』ということを実感しました」と述べられています。こうした構造は、現在の様々な社会課題にも当てはまる部分があるのではないでしょうか。環境や人権などで負の影響を被っているのはどういった地域や人々か、私たちは被害を誰かに押し付けて見て見ないフリをしていないか、地球全体を視野に入れながら考える必要があると思っています。

　そして最後に、不知火海の漁師の緒方正人さんの言葉を紹介します。緒方さんは水俣病でお父様を亡くし、またご自身も一度は公健法の申請を行ったものの自らそれを取り下げた上で、著書『チッソは私であった』の中で以下のように述べられています。「私たちの生きている時代は、たとえばお金であったり、産業であったり、便利なモノであったり、いわば『豊かさに駆り立てられた時代』であるわけですけれども、私たち自身の日常的な生活が、すでにもう大きく複雑な仕組みの中にあって、そこから抜けようとしてもなかなか抜けられない。まさに水俣病を起こした時代の価値観に支配されているような気がするわけです。この40年の暮らしの中で、私自身が車を買い求め、運転するようになり、家にはテレビがあり、冷蔵庫があり、そして仕事では

プラスチックの船に乗っているわけです。いわばチッソのような化学工場が作った材料で作られたモノが、家の中にもたくさんあるわけです。（中略）ですから、水俣病事件に限定すればチッソという会社に責任がありますけれども、時代の中ではすでに私たちも『もう一人のチッソ』なのです。『近代化』とか『豊かさ』を求めたこの社会は、私たち自身ではなかったのか。自らの呪縛を解き、そこからいかに脱して行くのかということが、大きな問いとしてあるように思います。」。

　いま、不知火海は美しく豊かな環境を取り戻しました。水俣をはじめとする不知火海沿岸地域は、自然も人も生き物も食べ物も素晴らしいところです。皆さんもぜひ現地に足を運び、水俣病問題からの問いかけを肌で感じ、それにどう応えるかを考えてみていただければと思います。　　　　　　　　　　　　　　　　　　（清家裕）

エコパーク水俣から臨む水俣湾と恋路島（熊本県水俣市）

索　引

執筆者紹介 <small>（掲載順）</small>

青木 淳一（あおき・じゅんいち）［編者］ 執筆担当：3章1節【法学】
1977年生まれ。慶應義塾大学法学部教授。エネルギー、情報通信、交通など公益事業の規制と競争を研究している。おもな著書に『判例から学ぶ憲法・行政法（第4版）』（共著、法学書院、2014年）、『行政法事典』（共著、法学書院、2013年）、『総合研究・日本のタクシー産業』（共著、慶應義塾大学出版会、2017年）がある。趣味は道の駅めぐり。

一ノ瀬 大輔（いちのせ・だいすけ）［編者］ 執筆担当：2章2節【経済学】
1982年生まれ。立教大学経済学部准教授。専門は環境経済学。経済学の視点から資源循環問題や環境法の効果について研究している。おもな著作に "On the relationship between the provision of waste management service and illegal dumping"（with M. Yamamoto）, *Resource and Energy Economics*, 2011; "Landfill Scarcity and the Cost of Waste Disposal", *Environmental and Resource Economics*, 2024 がある。

小林 宏充（こばやし・ひろみち）［編者］ 執筆担当：3章4節【自然科学②】
1971年生まれ。慶應義塾大学法学部教授。空気や水などの流れの力学、なかでも乱流、プラズマ、燃焼、量子乱流、それらを利用したエネルギー変換について研究している。おもな著作に『流体力学の基礎』（共著、数理工学社、2014年）、"The subgrid-scale models based on coherent structures for rotating homogeneous turbulence and turbulent channel flow", *Physics of Fluids*, 2005; "Imaging quantized vortex rings in superfluid helium to evaluate quantum dissipation", *Nature Communications*, 2023（共著）がある。趣味は野球、スキー、筋トレ。

小島 恵（こじま・めぐみ） 執筆担当：1章1節【法学】
1983年生まれ。都留文科大学准教授。化学物質のリスク管理を研究してきたが、最近は安全な食を守るという観点からも、農薬や資源循環の問題を考えている。おもな著作に『18歳からはじめる環境法（第2版）』（共著、法律文化社、2018年）、『体験する法学』（共著、ミネルヴァ書房、2020年）、「進化を続けるEUの循環管理法の基本構造」（単著、都留文科大学研究紀要第90集、2019年）がある。趣味は料理、庭いじり。

山本 雅資（やまもと・まさし） 執筆担当：1章2節【経済学】
1972年生まれ。神奈川大学経済学部教授。専門は環境経済学。おもな著作に "Is Incineration Repressing Recycling?"（with T. Kinnaman）, *Journal of Environmental Economics and Management*, 2022 がある。経済産業省産業構造審議会自動車リサイクルWG座長をはじめとして、現実の政策との接点も多い。

秋山 豊子（あきやま・とよこ） 執筆担当：1章3節【自然科学①】
1950年生まれ。慶應義塾大学名誉教授。動物の体色発現にかかわる遺伝子制御を研究している。生物学から地球生態系の持続性についても研究。主な著書に『Pigments, Pigment Cells and Pigment Patterns』（共著、Springer、2021年）、『動物の体色がわかる図鑑』（監修・共著、グラフィック社、2022年）、『生きているってどんなこと』（共著、培風館、2014年）などの他、英文論文多数がある。趣味は登山、旅行、歌唱、猫の世話。

土居 志織（どい・しおり）　執筆担当：1章4節【自然科学②】
1987年生まれ。慶應義塾大学法学部専任講師。専門は細菌の代謝や酵素。猫とビールをこよなく愛する。

林 健太郎（はやし・けんたろう）　執筆担当：エッセイ①②
1968年生まれ。総合地球環境学研究所教授。国際窒素イニシアティブ東アジアセンター代表。生物地球化学、土壌学、大気科学を専門としつつ、歴史、地理、食文化など幅広い関心を有し、持続可能な窒素利用に向けた学際・超学際研究に取り組んでいる。おもな著書に『図解　窒素と環境の科学』（共編著、朝倉書店、2021年）、『地球環境SDGsネクサス』（共著、共立出版、2023年）、『薫風のトゥーレ』（幻冬舎、2017年）がある。おもな趣味は外遊び、音楽、料理。

山崎 友莉子（やまざき・ゆりこ）　執筆担当：2章1節【法学】
1989年生まれ。弁護士（森・濱田松本法律事務所）。専門はエネルギー法（電力・ガス・再生可能エネルギーなどの関連法）及び環境法。経済産業省 資源エネルギー庁 新エネルギー課への出向経験がある。おもな著作に『環境価値取引の法務と実務』（共著、株式会社エネルギーフォーラム、2023年）がある。

林 良信（はやし・よしのぶ）　執筆担当：2章3節【自然科学①】
1978年生まれ。慶應義塾大学法学部専任講師。シロアリの社会性について研究している。

糟谷 大河（かすや・たいが）　執筆担当：2章4節【自然科学②】
1985年生まれ。慶應義塾大学経済学部准教授。菌類、特にきのこ類の自然史、系統分類や生物地理に関する研究をしている。おもな著書に『環境省レッドリスト　日本の絶滅危惧生物図鑑』（分担執筆、丸善出版、2022年）、『日本菌類百選』（分担執筆、八坂書房、2020年）、『石狩砂丘と砂浜のきのこ』（共著、NPO法人北方菌類フォーラム、2012年）がある。趣味は自然観察、きのこ狩り、山歩き、山仕事、秘湯めぐり。

坂上 紳（さかうえ・しん）　執筆担当：3章2節【経済学】
1980年生まれ。熊本学園大学経済学部准教授。専門は環境経済学。経済学の視点から気候変動と温暖化対策の経済影響について研究している。おもな著作に"Regional and Sectoral Impacts of Climate Change Under International Climate Agreements"（with K. Yamaura and T. Washida）, *International Journal of Global Warming*, 2015 がある。

宮本 佳明（みやもと・よしあき）　執筆担当：3章3節【自然科学①】
1983年生まれ。慶應義塾大学環境情報学部准教授。専門は気象学。主な著作に、『台風についてわかっていることいないこと』（共著、ベレ出版、2018年）、"Deep moist atmospheric convection in a subkilometer global simulation, Geophysical Research Letters, 2013"（共著）、"A dynamical mechanism for secondary eyewall formation in tropical cyclones, Journal of Atmospheric Sciences, 2021"（共著）がある。

清家 裕（せいけ・ひろし）　執筆担当：エッセイ③
1982年生まれ。2008年環境省入省。入省後、主に、気候変動対策、各種の法令改正、水俣病対策などを担当。著作に『環境問題と法〜身近な問題から地球規模の課題まで』（共編著、法律文化社、2022年）がある。

環境学入門
──法学・経済学・自然科学から学ぶ

2024 年 6 月 10 日　初版第 1 刷発行

編　者————青木淳一・一ノ瀬大輔・小林宏充
発行者————大野友寛
発行所————慶應義塾大学出版会株式会社
　　　　　　〒 108-8346　東京都港区三田 2-19-30
　　　　　　ＴＥＬ〔編集部〕03-3451-0931
　　　　　　　　　〔営業部〕03-3451-3584〈ご注文〉
　　　　　　　　　〔　〃　〕03-3451-6926
　　　　　　ＦＡＸ〔営業部〕03-3451-3122
　　　　　　振替 00190-8-155497
　　　　　　https://www.keio-up.co.jp/
装　丁————辻　聡
印刷・製本——中央精版印刷株式会社
カバー印刷——株式会社太平印刷社